U0139073

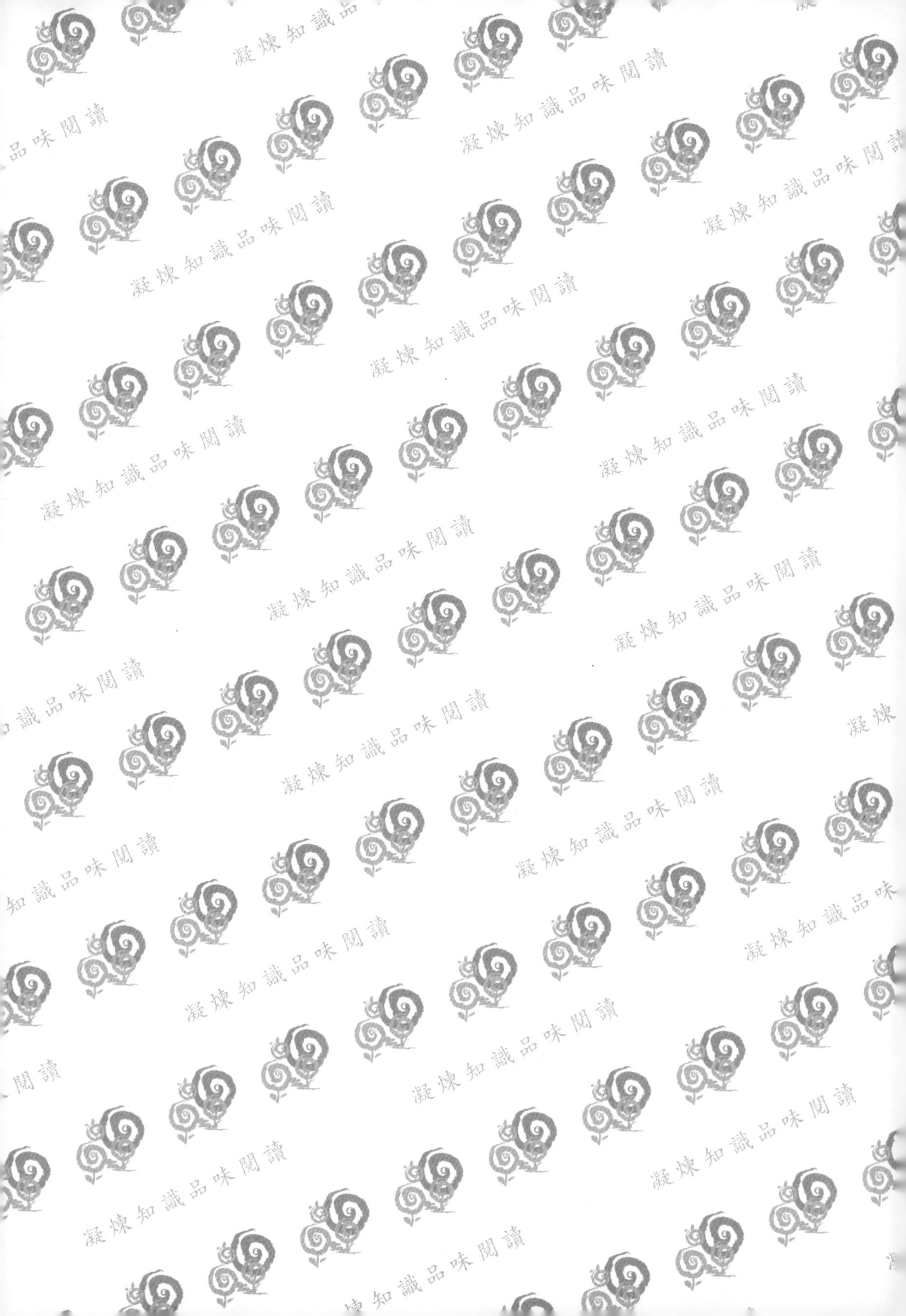

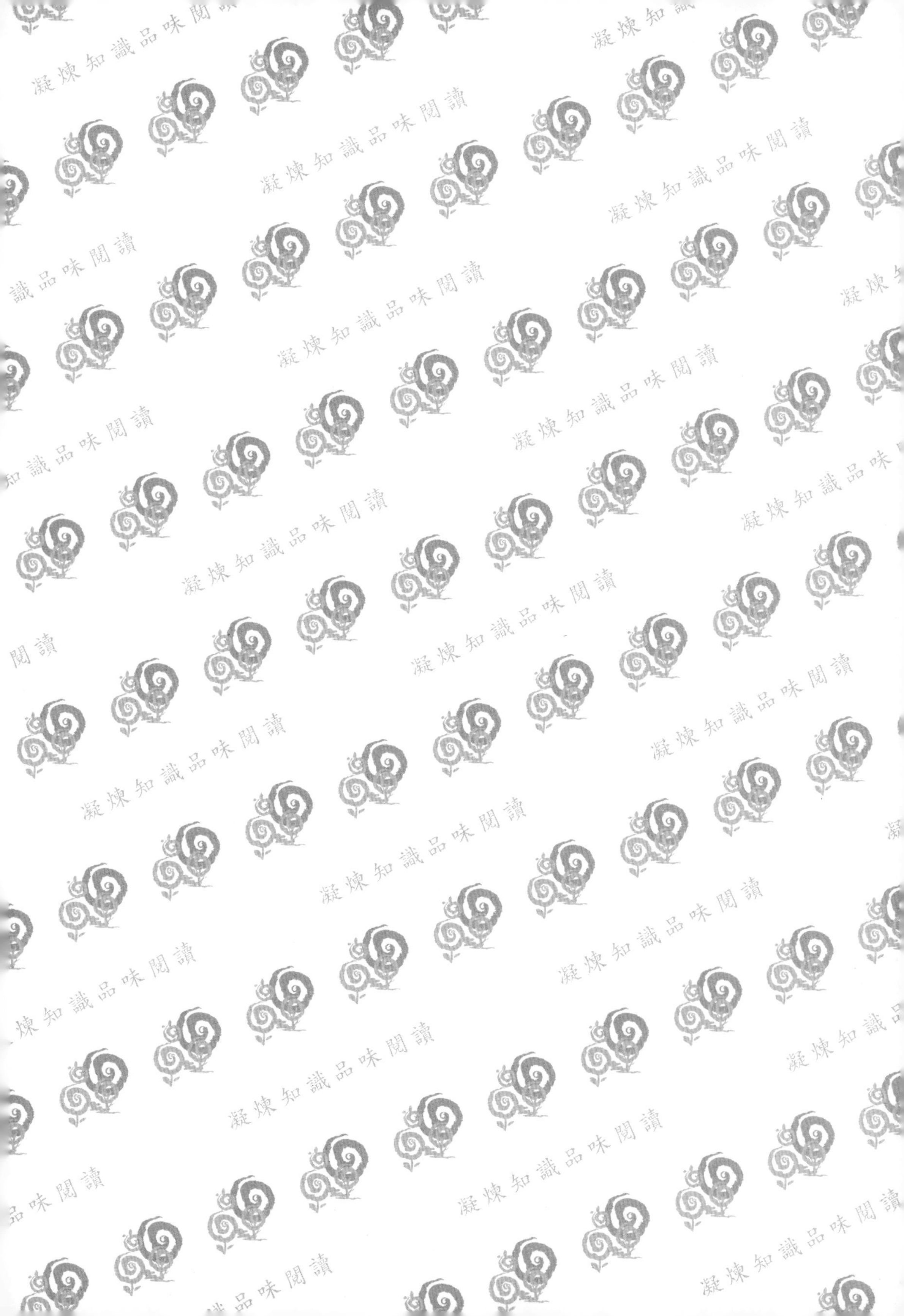
凝煉知識品味閱讀

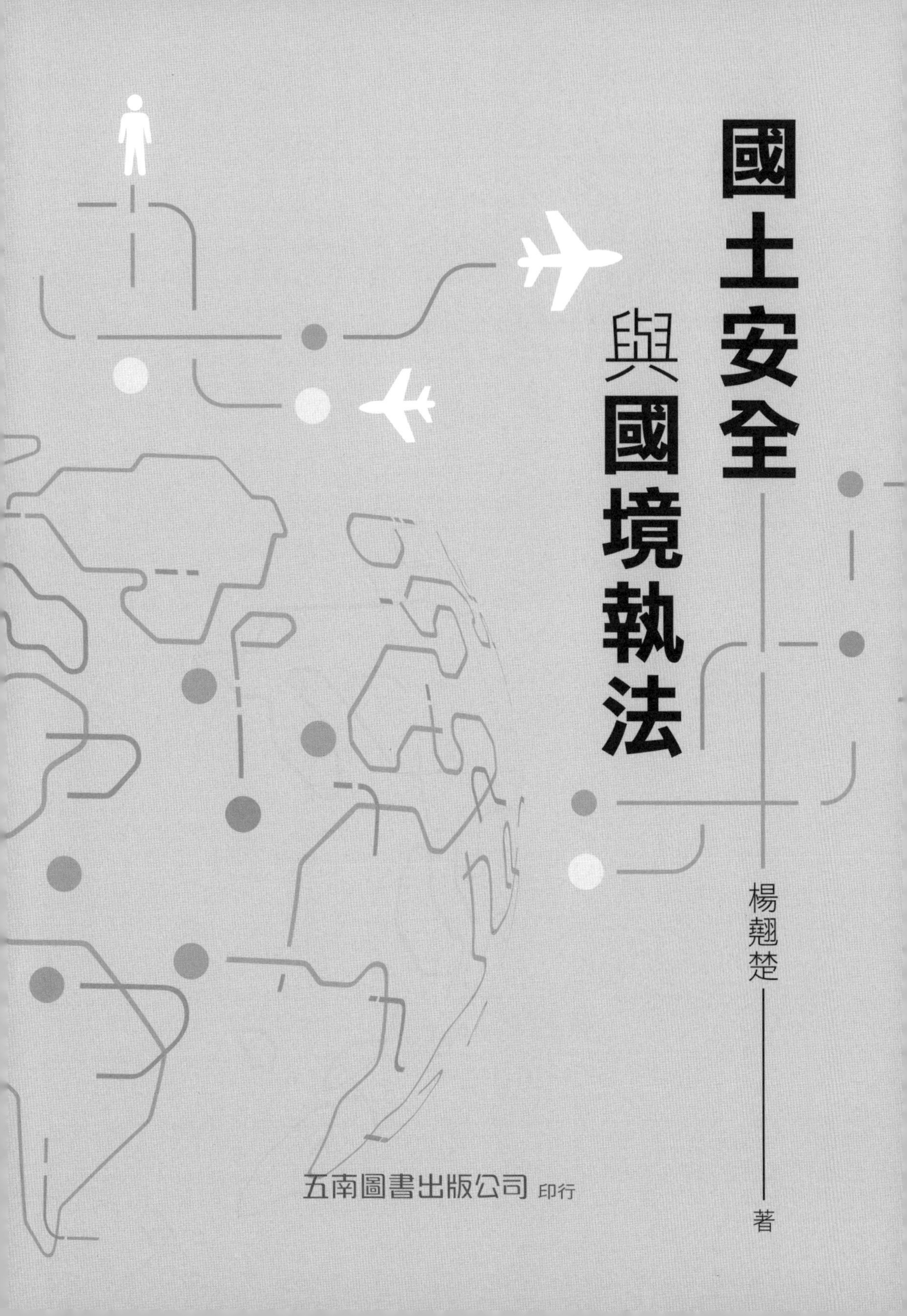

國土安全與國境執法

楊翹楚 著

五南圖書出版公司 印行

序言

有幸在不同大學兼任類此科目，爲應付上課所需，信手捻來寫的講義，不知不覺越堆疊越高，遂興起了彙整並出書的念頭。國土安全或執法，範圍浩如煙海，舉凡影響國家生存之事務、事物，皆可劃歸安全項目之下，而安全之維繫，著重在執法之嚴謹與綿密。在國內，相關書籍且質優的不少，然總覺得似有不足處。因而自己汗牛充棟及頗覺汗顏下地補足幾章內容，然完竣後又有缺乏什麼之感，似乎是鼓勵自己繼續往前的一項跡象。

而在工作與教學間浮浮沉沉與擺盪，一晃眼，已過大衍之年，距離杖鄉之年又接近不少。回首來時路，喜怒哀樂不斷重複上演。聽聞周遭一些同事或同學，退休享福去了，每個人各階段都會有來到之時，現時暫且心內嚮往，心外努力與期待。

本書出版，爲個人調任新單位之後，之前紛紛擾擾事已隨風飄散；當然，新的挑戰並未因此而消逝。心境調整與轉念，已開闊自己的內心深處。亦即，受到許多人的鼓勵與打氣，激勵再次執筆的勇氣，諸如恩師蔡政文教授、蔡震榮教授等先進，以及諸多同事、好友的相互激勵，五南圖書願意給予機會，以及辛勤編排並建議，個人萬分感謝。更重要的是父母親、岳父母、兄弟姐妹、吾妻智雅與吾兒皓嚴對個人所遭受每一次挫折之加油打氣、陪伴及支持下，方能順利度過、完成，恩情無以回報。

當然，本書之內容皆係作者個人之淺見，如有誤漏，望請先進們海涵並請告知，以爲精進。也許有人問，書之出版，對自己有何啓示？哈！應該是開啓下一本書出版的旅程。

楊翹楚
113.11.1謹識於新北永和

目錄

第一篇

總　論

第一章
概　論

國家（土）安全一直是各國政府及人民最重視的議題，「覆巢之下無完卵」，若「安全」沒了，有再多的金錢也無用；國土受他國侵占，錢財大概也沒了，失去國家保護，等同於保護傘打開，任人宰割只是時間問題，相關案例如前泰北孤軍、科威特1990年8月遭伊拉克入侵、1996年歷時3年的科索夫戰爭等不勝枚舉，國家滅亡或無力提供應有的保護機制，則人民生命將不如蟲蟻。換言之，「國家安全」一詞，是發展國家整體經濟建設、政治制度、社會安定、環境永存及人民安康的首要基礎。在全球化下，國際關係已成爲各國永續經營的必修課題；在國際關係的連結過程中，安全仍是各國所要保有的基本方針。

邁入21世紀後的全球脈絡，因本世紀初的美國九一一攻擊事件，已大大扭轉人們對於安全的認知；對於安全的需求大幅提升，預防攻擊的事前準備也考驗著政府治理的能力。對安全的智識與幅度已超越先前的理念與認識，而安全的發展面向也隨著時代演進不斷遞移；注重「傳統上的安全」雖可保障基本的人身或國內安全，但無法成爲經營國家間，甚或國際關係發展的保證。更甚者，「非傳統上的安全」，諸如環境、衛生、疾病醫療、食品議題等，衍然成爲全球關心的焦點。

另一方面，國土安全之落實必須要有堅實的國境（土）執法，以資配合。「國境」是指看不到、可以感受得到的一條「實質或虛擬」線。換言之，國境是與他國間，包含領空（延伸至太空）、領海及領土的交界處（地）。我國爲一島國，四面環海，是優點也是缺點。優點是沒有密接處，無須擔心他國由土地上入侵（國），所有入出，皆以空中或海上（包括潛入海中）方式連接，除事先可以過濾外，他國要進入臺灣，也需考量路途風險。相對地，此亦產生缺失，亦即，進出之不易，極度易爲敵人採取封鎖海、空模式，進出不得，使我們孤立於海上。雖有電腦資訊、網路或太空衛星之聯繫，惟一旦遭受入侵或破壞，如剪斷、炸毀海底光纖纜線、關閉衛星等，將會達到完全「獨立」。

「執法」，是指執行法令（人），依據其組織法或作用法所賦予權限，進行一連串的行政作為，以檢驗或查察其相對之人[1]、事[2]、時[3]、地[4]、物[5]，是否合於現行法規，有無觸犯法令之虞，一方面保障合法性權益；另一方面則是對維護國家整體安全、人民生活安定與防範不法（恐怖）活動所採取之積極性動態措施。執法有對內及對外，對內，不同執法機關有不同的組織法或作用法，甚或刑事法令之適用；對外，則牽涉各國家主權、司法管轄權之運籌與國際間司法互助之請求、共享與運用。我國受限於國際地位緣故，與各國刑事司法之互動、互助、互惠困難重重，時常遭受他國之否定，這也是執行（法）上的一大關卡。另一方面，執法所施予之對象，包括有戶籍國民、無戶籍國民、外國人、大陸地區人民、香港及澳門居民，以及無國籍人，因人別之不同，適用法令規定亦大不相同。[6]

至於執法機關，國土安全之保護，其執行機關大都相牽連，以整體來看，國土安全的機關，幾乎每個行政機關皆有涉及；國境執法機關或許相涉的權責機關無負責國土安全之機關數多。機關權責雖不同，但重要性相等。可以說，國土安全是一整合性、全面性的安全維護，國境執法則較偏重邊境防護（包括執行查察、檢驗、檢查、驅逐、查緝、調查、安全維護

1 如入出國及移民法第4條第1項：「入出國者，應經內政部移民署（以下簡稱移民署）查驗；未經查驗者，不得入出國。」

2 如臺灣地區與大陸地區人民關係條例第18條第1項第6款，大陸地區人民有「非經許可與臺灣地區之公務人員以任何形式進行涉及公權力議題之協商」情事者，得逕行強制出境。

3 如海關緝私條例第13條：「勘驗、搜索不得在日沒後日出前為之。但於日沒前已開始施行而有繼續之必要，或違反本條例之行為正在進行者，不在此限。」

4 如國家安全法第6條第2項：「人民入出前項管制區，應向該管機關申請許可。」

5 如香港澳門關係條例第35條第2項：「輸入或攜帶進入臺灣地區之香港或澳門物品，以進口論；其檢驗、檢疫、管理、關稅等稅捐之徵收及處理等，依輸入物品有關法令之規定辦理。」海關緝私條例第17條第1項：「海關查獲貨物認有違反本條例情事者，應予扣押。」

6 可參考筆者拙著，移民法規，2024年3版，元照出版。

等）；國土安全必須要強化國境執法，嚴密之國境執法以落實國土安全。若以直接相涉國境執法之機關，則有國家安全局（整體性）、內政部警政署（航空警察局、港務警察總隊、保三總隊）、[7]移民署、國防部憲兵指揮部、法務部調查局、財政部關務署、海洋委員會海巡署等，各有所司與分工，並共同協力合作。

第一節 對安全之認知

有關安全，基本上應包括三個主要的特性：複雜的、動態的及價值負擔（laden）（Ramsay, Cozine and Comiskey, 2021: 8）。一般大眾注重的是個人（親人）人身安全，無論是上學、工作、遊憩、住家安全等，此亦爲馬斯洛（Abraham Maslow）需求層次理論（Hierarchy of Need Theory）第二層次安全需求——包括安全感和免於傷害的需求。當然，個人或家庭安全除自身需注意外，更需要政府（國家）的措施保護；而社會安全（工作、日常生活等）是從單獨個人層次進入大環境場域的另一層次需求。在社會環境脈絡下，國家有更多的責任盡力維護整體安全，否則，社會將動盪不安，遑論社會發展與經濟建設。擴及至國家安全，抵禦外侮，包括領土、領空及領海，尤其是來自於中國大陸之侵擾，保衛領土完整，是國家領導人至高的生存原則。對國家安全之要求，絕無打折之說，因爲對國家來說，安全絕對是首要完成的目標。

吾人深知，冷戰時期，傳統上論述國家安全，向來以軍事衝突或國家戰爭等威脅爲主軸；後冷戰時期迄今，各種類型之非傳統性安全威脅大增，包括由次國家行動者所造成的「人爲災難」及大自然所引起之「天然災害」尤受矚目，並已發展成爲各國國家治理上之重大挑戰（李宗勳，2008：63）。傳統上的軍事戰爭威脅，一旦某國發動侵略衝突，因以現有國際組織之機制存在，如聯合國（UN）、北約組織（NATO）等，很難

7 另保安警察第七總隊可協助中央衛生主管機關執行食品、藥物之稽查、取締或危害排除等職務；但其任務較偏向水資源安全維護工作與國土環境保護等之國土安全任務。

不受其等之桎梏或介入。相對地，發生於某一國家內部之事件，如旱災、蝗災、食品衛生、電腦攻擊、難民、生化、AI（人工智慧）、太空科技等，因屬內部事件，基於不涉入內政，國際間只能透過金錢、物資援助或人道救援方式協助之。換言之，傳統上安全事件，因為有維持區域和平或平衡不同陣營影響力之事實上需要，與非傳統性安全實質內涵不同，解決方式也大異其趣。然而，在現今的國際環境脈絡掌握下，各國越趨重視非傳統性安全的後果，戰爭或衝突畢竟係可能發生於某些國家或地區；然非傳統性安全，如資訊安全、氣候變異、環境影響或資源奪取等，包括歐美先進國家自己本身都會受其直接或間接事件所左右，故此議題注意焦點必須依實事的發展而有所轉變，也避免因應付不及所引發後續的不良連鎖反應。

第二節 名詞解釋

關於「國土安全」與「國境執法」相涉的重要詞語，解釋如下：[8]

一、航前旅客資訊系統

航前旅客資訊系統（Advanced Passenger Information System, APIS），基本上指所有在我國國境起飛或抵達（入出境）之航空公司航班，於起飛或降落前30分鐘內，所提供之該航班旅客（含轉機及機組員）資訊。旅客資訊包括旅客基本資料、航班資訊、出發國機場、目的國機場等，移民署取得資訊後，即可進行通緝犯、毒品走私犯、恐怖分子及其他管制對象等管制名單過濾，可預先提出防範對策及後續處置措施。APIS已於2011年8月上線。

8 以英文字母為排列順序。

二、航前旅客審查系統

航前旅客審查系統（Advanced Passenger Processing System, APP），又稱爲互動式航前旅客資訊系統（Interact APIS, I-APIS），美國政府稱該系統爲AQQ（API Quick QUERY）。不同於APIS的批次單向接收資訊，APP是一種互動資料傳輸審核系統，旅客於航空公司櫃檯辦理報到（check-in）手續時，可即時連線出境國或目的國管制系統，過濾旅客是否爲管制對象，並即刻回報正受理報到手續之航空公司職員，以決定是否讓旅客搭機，落實國境安全管理，解決限制入境人士已至我國卻必須遣返之情況。2012年6月於國內各機場營運上線。[9]

三、不對稱戰爭

不對稱戰爭（Asymmetrical Warfare），指運用非典型、無法期待，以及幾乎不可預測的政治暴力手段，像是恐怖分子意圖打擊非預期目標與使用獨特及特殊的戰術。此已成爲現代新恐怖主義的核心特色，例如：大規模毀滅性武器、無差別攻擊、極大化災害、以科技爲主之恐怖主義，或其他外來的極端方法（Martin, 2020: 158-160）。

四、生化武器

生化武器（Biological Weapon），是一種於戰爭或恐怖攻擊行動中，能夠將裝有放射性物質之裝置，透過放射、散布或分解生化戰爭劑（細菌、病毒或毒氣）（Bullock, Haddow, and Coppla, 2020: 135）。

五、認知作戰

有關認知作戰（Cognitive Warfare）的意義，目前未有明確一致的概念。有學者認爲它是「結合多元領域技術，企圖製造衝突的一種方式，

9　相關資訊可參閱神通資訊科技股份有限公司，http://www.timglobe.com.tw/upload/file/201410141001001503644180.pdf，查閱日期：2021/1/18。

其目標是影響個人、社會或國家對某一問題、事件或氛圍的思考模式」（Reding and Wells, 2022: 22-45）；另有學者認爲「認知作戰是一種策略，用以改變目標群體的思考，以及因此而轉變其行動模式」（Bernal, Carter, Singh, Cao and Madreperla, 2020: 9）。[10]其目的在利用資訊傳遞，釋放假訊息或某種意識傳播，以達到瓦解社會和諧、破壞人際關係、打擊對手士氣，進而摧毀該國的國內互信，增加仇恨值的一種手段。其媒介有：社群利用、媒體放送、情報操弄、政治立場宣揚、資訊網絡、族群意識，以及軟實力之文化灌輸。[11]

六、貨櫃化

貨櫃化（Containerization），指以標準的貨櫃運輸（送）貨物於海洋（船）、鐵路（火車）、高速公路（貨櫃車）間，而無須卸下貨物再裝、轉運（Bullock, Haddow, and Coppla, 2020: 355）。

七、危機管理

危機管理（Crisis Management），指在面對無法避免的情境下，採取主動積極的努力以避禍，並產出適當的策略減少因危機對組織所形成的衝擊。有效的危機管理需要對組織有一個穩固的了解，包括：策略方法、可靠性、利害關係人、合法架構等，結合超前的溝通技術、領導、決策技巧以引導組織，降低因危機所帶來的潛在損失（Bullock, Haddow, and Coppla, 2020: 301）。

八、關鍵基礎設施

關鍵基礎設施（Critical Infrastructure）包括任何系統或資產

[10] 另可參考NATO，https://innovationhub-act.org/cognitive_warfare/，查閱日期：2024/4/10。

[11] 筆者認爲，認知作戰就是對某事或某物「認識、知悉或物以類聚概念之不足，以及所有的不合我意者，偏頗或消弭油然而生，且無適當可反擊，進而使用此言語，加以推託或攻擊，並企圖影響他人或尋求共識」。

（asset），如果以特別的方法使其不能運作或中斷，將會造成無數生命的喪失或經濟上巨大的損害，例如：大眾供水系統、主要鐵路、橋梁與高速公路、重要儲存資料設備與現行設施、交易所或金融中心、近人口稠密區之化學設施、主要供電系統、核電廠、水力發電廠或大壩（Bullock, Haddow, and Coppla, 2020: 33）。

九、網路安全

網路安全（Cybersecurity），係針對電子資訊、通訊系統及整體資訊系統等，在確認其機密性、整體性及可利用性下，避免遭受損害、未經授權使用或利用等情況發生，以及配合其復原之需求。其包含保護、復原資訊網路與有線、無線、衛星、大眾安全緊急聯絡中心、911聯絡系統及控制系統（Bullock, Haddow, and Coppla, 2020: 77）。

十、網路恐怖主義

網路恐怖主義（Cyberterrorism），指使用或破壞電腦、資訊技術資源，其目的在傷害、抑制或威迫他人，為達成更高的政治上或意識形態上之目標（Bullock, Haddow, and Coppla, 2020: 136）。

十一、緊急應變管理

緊急應變管理（Emergency Management），指透過訓練以處理並確認及分析大眾危險，舒緩與應急大眾所遭遇之危機，運用資源合作以回應緊急事件，並可快速地恢復（Bullock, Haddow, and Coppla, 2020: 77）。

十二、境外敵對勢力

境外敵對勢力（Foreign Hostile Forces），依反滲透法第2條第1款之定義，指與我國交戰或武力對峙之國家、政治實體或團體。另主張採取非和平手段危害我國主權之國家、政治實體或團體，亦同。

十三、仇恨犯罪

仇恨犯罪（Hate Crime），指犯罪之造成，係因仇恨值不斷升高累積所引發，特別是針對受保護之團體。此與恐怖攻擊有別（Martin, 2020: 373）。

十四、國土安全

2001年9月11日恐怖分子攻擊美國，造成3,000多人死亡，戰爭之定義產生改變，並反轉現代科技成為大規模破壞的武器。因而，21世紀初當代國土安全（Homeland Security）之誕生，就美國來說，國內安全體系已轉變成一新的典則（regime），並成為國際性的矚目焦點。國家致力於長期對抗恐怖主義及其威脅，國土安全持續地作為基本的機制，包括對緊急事件之即刻反應、建立國內安全程序等作為。其中心特性為：恐怖分子之威脅、聯邦當局之反制作為、州與地方安全部門、建立在全面性的國土安全協力合作之概念基礎上（Martin, 2020: 7-10）。

另依據國內國土安全緊急通報作業規定第參點第一款，國土安全係指為預防及因應各種重大人為危安事件或恐怖活動所造成之危害，維護與恢復國家正常運作及人民安定生活。

其類型可分為：

（一）依程度區分

1. 重大事件：指事件可能對國家安全及利益，造成重大影響、損害或爭議者。
2. 機敏事件：指事件之資訊，具有機密性或敏成性，在未經評估及核准公布前外洩可能妨礙事件處理或對國家安全及利益產生不良（利）後果者。
3. 普通事件：未達上述重大或機敏程度者。

（二）依時放區分

1. 緊急事件：指事件必須立即處理或反應，否則可能快速惡化或造成傷（損）害者。
2. 一般事件：指事件未達緊急狀態者。

十五、國土安全事件

依國土安全緊急通報作業規定第參點第二款，國土安全事件指：

（一）**恐怖活動**：指個人或組織基於政治、宗教、種族、思想或其他特定之信念，意圖使公眾心生畏懼，而從事下列計畫性或組織性之行為：1.殺人；2.重傷害；3.放火；4.決水；5.投放或引爆爆裂物；6.擄人；7.劫持供公眾或私人運輸之車、船、航空器或控制其行駛；8.干擾、破壞電子、能源或資訊系統；9.放逸核能或放射線；10.投放毒物、毒氣、生物病原或其他有害人體健康之物質。

（二）**重大人為危安事件**：指除恐怖活動外，藉恐怖活動所列殺人等行為，由其他人為因素蓄意導致，而對社會秩序、公共安全或其他公共利益，研判可能構成巨大威脅或已經造成嚴重危害，非單一機關（單位）所能因應，須成立跨部會協調、整合機制，辦理相關應變工作之事件。

十六、資訊分享與分析中心

資訊分享與分析中心（Information Sharing and Analysis Center, ISAC）是一負責資訊分享與分析的部門級中心，將各具有代表性及決策能力者加以聚集，其目的是為了關鍵基礎設施之保護與預防（Bullock, Haddow, and Coppla, 2020: 302）。

十七、情報

情報（Itelligence）是指一從事秘密的行動，去了解、蒐集或影響外國實體（Bullock, Haddow, and Coppla, 2020: 302）。

十八、國際法院[12]

國際法院（International Court of Justice）設置於荷蘭海牙（The Hague），爲聯合國主要司法機關，負責依國際法解決國家間的法律爭端，並對聯合國各機關與專門機構所諮詢問題，提出意見供參。依照國際法院規約第36條第2項，包括：（一）條約之解釋；（二）國際法之任何問題；（三）任何事實之存在，如經確定即屬違反國際義務者；（四）因違反國際義務而應予賠償之性質及其範圍。國際法院轄下並無其他附屬機關，且其不具有刑事管轄權，因而無法審判個人。

另聯合國特設有國際刑事法院（International Criminal Court, ICC），同樣位於荷蘭海牙，係根據2002年「羅馬規約」（Rome Statute）成立，爲一政府間組織和國際法庭。是第一個也是唯一一個有國際上管轄權，可起訴包括犯種族滅絕（genocide）、戰爭罪（war crimes）、殘害人群及侵略罪等之常設性國際法院。[13]

十九、國際刑警組織[14]

國際刑警組織（International Criminal Police Organization, ICPO or INTERPOL）成立於1923年9月7日奧地利維也納（Vienna），是一個促進全球警察合作與控制犯罪的國際性組織。

全球現設有7個區域局、3個特別代表處，目前總部位於法國里昂（Lyon），共有196個會員國。我國雖非屬會員國之一，但遇有重大國際犯罪，警政署刑事警察局國際刑警科與該組織仍保有良好合作關係。INTERPOL之成立，根據其憲章（The Constitution of the ICPO-INTERPOL）第2條，兩大主要目的包括：（一）確認與提高最廣泛相互協助之可能，對所有處理犯罪之警政當局，在不同國家有限的法律資源

---

12 國際法院，https://www.icj-cij.org/ch，查閱日期：2024/4/5。

13 國際刑事法院，https://www.icc-cpi.int，查閱日期：2024/4/5。

14 國際刑警組織，https://www.interpol.int/Who-we-are/Strategy/Global-Policing-Goals，查閱日期：2024/4/5。

內，秉持與實踐「世界人權宣言」之精神；（二）建立與發展不同的機制，盡可能有效地降低、壓制犯罪之發生。

透過五大行動模式：鏈結（connection）、授權（empower）、警戒（alert）、創新（innovate）及倡導（advocate），以創造更安全世界。目前有四大全球性計畫：預防恐怖攻擊、網絡犯罪、組織性的及可能的犯罪、貪腐與金錢犯罪。

另有7個全球性警察目標：（一）使全球執法社群經由全球合作，能夠更有效率面對及避免恐怖攻擊；（二）提高全球邊境安全；（三）針對易受侵犯的群體，強化執法、保護並回應其需求；（四）降低全球網絡犯罪所造成的損害及衝擊；（五）處置任何形式之貪腐及錢財犯罪；（六）解決重大的組織犯罪及（毒）藥品走私；（七）增進環境安全與支持並提升永續生存，避免犯罪影響我們周遭之環境及氣候。其通報機制，依據顏色區分，共有七色通報，其中又以「紅色通報」最爲要緊，屬最高級別的緊急快速通報（其餘依序爲：藍色、綠色、黃色、黑色、橙色和紫色），此通報有效期爲5年，可持續發出，直至緝拿歸案爲止。

其現有之重要組織組成，包括全體大會、執行委員會、秘書處和國家中心局，並以全體大會爲其最高層級的機關，係由各成員國代表團組成。建置有19個警察檔案資料庫，提供各國所需之犯罪資訊。

另尚有其他國際性或區域性的警察組織，如歐盟執法合作署（EUROPOL）、美洲警察共同體（AMERIPOL）、非洲刑警組織（AFRIPOL）等；而與我們相鄰近的有由東南亞共10國（馬來西亞、新加坡、泰國、印尼、菲律賓、汶萊、越南、寮國、緬甸及柬埔寨）於1981年（2000年柬埔寨加入）所組成的「東協警察組織」（ASEANAPOL），[15]其成立目標，主要有三項：（一）增進警察專業化；（二）進一步強化區域性的警政合作；（三）提升會員國持續性的情誼。

---

15 東協警察組織，www.aseanapol.org，查閱日期：2024/4/5。

二十、長期復原

長期復原（Long-term Recovery），其過程涉及生命與生活復原，超越災難危及階段；通常會在災難結束後，持續好幾個月或好幾年（Bullock, Haddow, and Coppla, 2020: 637）。

二十一、減緩（降低）危險之衝擊

減緩（降低）危險之衝擊（Mitigation of Risk），指於災難所帶來的衝擊中，嘗試去減少生命折損與財產之喪失。建立有效機制，可大大降低災難發生時可能的付出與破壞（Martin, 2020: 375）。

二十二、洗錢

洗錢（Money Laundering），簡單來說就是將非法的錢財所得，透過非法或合法管道手段，予以移轉、變更、掩飾或使用等做法，使之合理化。但無論合法或非法模式，本質上因所得來源係違法，故需要透過此方式，包裹非法內在。依我國洗錢防制法第2條規定，本法所稱洗錢，指下列行爲：（一）隱匿特定犯罪所得或掩飾其來源；（二）妨礙或危害國家對於特定犯罪所得之調查、發現、保全、沒收或追徵；（三）收受、持有或使用他人之特定犯罪所得；（四）使用自己之特定犯罪所得與他人進行交易。

二十三、司法互助

司法互助（Mutual Legal Assistance），是指不同國家或司法轄區之間，依據條約（協定、協議等）或互惠原則，在司法程序中，相互提供幫助之一種正式司法合作方式。[16]而在司法互助中，亦包括民事上互助，並非全然針對刑事案件而言，如兩岸間所簽訂的許多協議。因受矚

16 法務部，https://www.moj.gov.tw/國際及兩岸司法互助/司法互助現況/109340/109710/post，查閱日期：2024/4/5。

目或聳動的國際案件大都涉及刑事司法，爰一般所稱司法互助，比較偏向刑事上之司法互助。而國際刑事司法互助（Mutual Legal Assistance in Criminal Matters）之定義，依法務部所制定之「國際刑事司法互助法」第4條第1款，指我國與外國政府、機構或國際組間提供或接受因偵查、審判、執行等相關刑事司法程序及少年保護事件所需之協助，但不包括引渡及跨國移交受刑人事項。然國際刑事司法互助，其種類包括：引渡（extradition）、小型刑事司法互助（協助他國訊問證人、實施搜索、扣押、轉交證物、文書送達等）、刑事追訴之移送（實施犯罪之國，請求犯罪者之國家對其進行刑事追訴等後續處置）及外國刑事判決之承認與執行（犯罪者之國家，確認該犯罪地國之判決結果並配合執行）。而其原則包括：平等互惠原則、相互尊重原則、雙重犯罪原則、起訴或遣返原則、特定性原則（陳明傳，2020：58-62）。

二十四、國內意外管理系統

國內意外管理系統（National Incident Management），指一指揮系統，由總統針對國土安全政策直接下決定，以提供包含全國性的途徑——關於政府、私部門、非政府組織等，從而無論國內意外發生原因、規模大小或複雜性程度爲何，都將有效地整合、回應、復原，並注重其施作效益（Bullock, Haddow, and Coppla, 2020: 77）。

二十五、自然界危機

自然界危機（Natural Hazard），即危機存在於自然環境中，因水現象、氣候學上、地震、地質學上、火山、大規模物質水平或垂直移動，或其他自然界之過程，對人口與社群產生威脅（Bullock, Haddow, and Coppla, 2020: 136）。

二十六、網絡戰爭

網絡戰爭（Netwar）是新型態的恐怖攻擊。指「利用衝突與犯罪不斷地浮現模式，鼓動者利用網絡組織方式，以有關的教條、策略、技巧等，符合資訊時代的用語灌輸於網路使用者。其無精準的中央指揮體系，而是採分散式的小團體，相互溝通、合作並下達指令」（Martin, 2020: 376）。

二十七、組織犯罪

組織犯罪（Organized Crime），是有結構性的組織，由3人以上所組成，並存在有一段時間，其合作行動目的在執行一個或多個重大犯罪，以直接或間接的手段獲得財務上或其他物質上利益。結構性組織，指爲了即刻犯罪行爲而非隨意組成的組織，其不需要正式地限定成員角色，也不需要爲成員持續地發展結構模式（Giraldo and Trinkunas, 2010: 431）。

二十八、流行性的

流行性的（Pandemic），世界衛生組織（WHO）認定爲「一種新的疾病導致全球性的蔓延」（Bullock, Haddow, and Coppla, 2020: 77）。

二十九、旅客訂位及行程分析系統

旅客訂位及行程分析系統（Passenger Name Record, PNR），係利用旅客旅遊訂位相關資料，包括基本資料、代訂業者、刷付款轉機、機票、行李及抵達地等資訊，進行大數據分析，藉此掌握旅客的造訪點與艙座，同時找出鄰近艙座旅客，以作防範跨國境犯罪、恐怖攻擊資料蒐集與防疫需求（旅遊史）（移民署，2019）。

三十、檢疫、隔離

檢疫、隔離（Quarantine），多設置於偏遠區域，其用途在針對人、動物或物品，確認或有遭受汙染、感染化學、生物劑之虞，避免曝露於此或進而擴散（Bullock, Haddow, and Coppla, 2020: 137）。

三十一、種族聖戰

種族聖戰（Racial Holy War），乃種族至高無上者相信，未來種族戰爭不可避免地會在美國發生（Martin, 2020: 378）。

三十二、安全管理

安全管理（Security Management）所涉及之問題與範圍非常廣泛，就國家安全言，大至國土安全、戰爭，小至個人的健康與生命安全，都是安全管理的研究課題。就公司領域言，可分爲公領域與私領域，前者包括政府機關所涉及的各種安全問題；後者包括私人企業、行號等安全。但有許多安全問題經常會跨足公私領域，如環境安全、資訊安全及非法走私等。就公共安全言，安全管理就是管理者對自然災害、意外事故、公共衛生與社會治安事件所進行的計畫、組織、領導、協調與控制之一系列活動，以保護人民在此一過程中的人身安全與健康、財產不受到或減少損失的一種安排（張平吾等著，2019：6-7）。

三十三、短期復原

短期復原（Short-term Recovery），係指某一特定階段，立即採取復原行動以因應發生的災難，此一行動往往會與長期復原有所重疊。

本階段行動，包括類似提供人民健康、安全性的服務、恢復被中斷的設施，以及其他基本的服務，諸如重建運輸路線、提供食物及庇護予因災難而無居所者，雖爲短期，但有時復原行動也會持續好幾個星期（Bullock, Haddow, and Coppla, 2020: 639-640）。

三十三、現象切割行動

現象切割行動（Sign-cutting Operation），係對任何擾亂自然領域情況之檢視與解釋，包括有關之人、動物或交通工具，意味著現有情況與變遷間互動的結果（Bullock, Haddow, and Coppla, 2020: 355）。

三十四、潛伏的行動者

潛伏的行動者（Sleeper Agents），爲國際恐怖活動者所使用的戰術之一。潛伏行動人員常居住於他國，等待時機並等候命令出擊，進行恐怖破壞活動（Martin, 2020: 378）。

三十五、滲透來源

滲透來源（Sources of Infiltration），依反滲透法第2條第2款之定義，係指以下三種來源：（一）境外敵對勢力之政府及所屬組織、機構或其派遣之人；（二）境外敵對勢力之政黨或其他訴求政治目的之組織、團體或其派遣之人；（三）前二者各組織、機構、團體所設立或實質控制之各類組織、機構、團體或其派遣之人。

三十六、合法授權

合法授權（Statutory Authority），因法律上賦予當局許可權力，提供給政府官員、部會或委員會去執行依法所擁有不同的功能、經費使用及行動（Bullock, Haddow, and Coppla, 2020: 32）。

三十七、跨國犯罪

跨國犯罪（Transnational Crime），指犯罪活動實施於一個國家以上、某一國家策劃而於另一國家執行，或者於某一國家從事犯罪活動而外溢至其他國家（UN, 2000）。

三十八、脆弱性

脆弱性（Vulnerability），爲有關物質上、社會上、地理上與政治上的誘導因素，會影響或限制人們、地域或其他物質實體對災難的整合。進而在面對各種災難之時，從自身方面尋找遭受損失原因，盡可能做好應變災難的整備（Bullock, Haddow, and Coppla, 2020: 492；張平吾等著，2019：21-22）。

三十九、警告

警告（Warning），係對眞實存在之威脅的留意與傳遞，於災難事件之前，透過警告使個人或社群接收威脅警訊，從而有足夠的時間採取庇護、清空或其他緩解行動（Bullock, Haddow, and Coppla, 2020: 785）。

四十、CIQS[17]

（一）**海關檢查（Customs）（財政部關務署）**：「稽徵關稅」與「查緝走私」是海關兩項最主要的工作，隸屬於財政部關務署。工作內容包括行李檢查、貨物查緝、協助旅客申報、辦理退稅等，爲了配合海空運進出口貨物24小時通關，部分工作必須採三班24小時輪職、全年無休，行使公務，爲國家課徵關稅。「每次查驗都是人性考驗！」身爲海關人員，每天面對各式各樣行李，以及千方百計躲避查驗的旅客，幾乎都被訓練出超乎常人的高度警覺以及敏銳觀察力，依憑專業經驗要求旅客開箱檢驗，一發現有應稅品、不得進口或禁止輸入物品，一切依法辦理。

（二）**證照查驗（Immigration）（內政部移民署）**：移民官隸屬於內政部移民署的國境事務大隊，代表政府於國境線上行使公權力，對出入境旅客進行人別辨識及證照查驗等嚴格審查，防止不法人士非法闖關偷渡，守護國境安全並兼顧服務，桃園機場每天約有超過11萬

17 可參閱相關機關之網頁介紹。

名旅客出入境，移民署的移民官工作量不小，每人每日大約要查驗超過1,000本護照，平均20秒即得完成一次查驗，加上廉價航空不斷增加，旅客量大增，只要有航班起飛、降落，移民官就必須待命。

（三）**人員及動植物檢疫（Quarantine）（衛生福利部疾病管制署、農業部動植物防疫檢疫署）**：機場防疫不可馬虎！每位旅客入境桃園機場時，都必須通過由衛生福利部疾病管制署所設置的「檢疫站」，透過紅外線人體感測器，藉此查驗入境旅客的體表溫度，一旦發現旅客體溫過高或異常，檢疫官就會進一步複檢。希望能在第一時間攔截到發燒或帶有傳染病的入境旅客，進行後續採驗、追蹤，以確保國民健康安全。

（四）**安全檢查及航空港口保安（Security）（內政部警政署航空警察局、港務警察總隊、海洋委員會海巡署、交通部航港局）**：若出國仔細觀察，不難發現在桃園機場裡的許多角落都可以看見認真執勤、身穿藍色制服、配戴航空警察臂章的警察人員，他們的工作從旅客踏進機場周邊就已經開始，勤務範圍包括交通管制、人車管制、安全維護、協助飛安緝毒等。除此之外，航警的另一項重要勤務，即是出國旅客人身與隨身行李的安全檢查，每位出國旅客通過安檢門時，都必須先將隨身行李、手機、手錶、皮帶等金屬物品放入查驗X光機，經過金屬探測門，一旦查驗出違禁品就必須沒收、銷毀或依法辦理，這是為了確保飛航安全，並嚴防違禁或管制危安物品帶上飛機，以上通通都是航警局安檢人員的工作範圍。桃園機場出境安檢人員平均1小時要查驗超過250件行李，每件行李約15秒就要查看出是否夾帶違禁物品，為保持高度敏銳度，安檢人員每隔10分鐘至15分鐘就須換手一次，避免工作勞累造成可能的安全疏漏。

四十一、帕瑪行動

帕瑪行動（Palmer Raids），指1919年11月至1920年1月，為弭平國內由左派勞工、社會主義者、共產主義、政治分離者等，所發生一連串的反抗（分離）運動，美國總統威爾遜（Woodrow Wilson）授權司法部（Department of Justice）進行追緝、逮捕並驅逐出國上開團體有關分子，特別是針對外來移民。因時任執行之司法部長為米契爾·帕瑪（Michell Palmer），故稱之Palmer Raids。結果約有6,000人被逮捕，556名移民被驅逐出國（Martin, 2020: 377）。

第二章

國土安全的理論與發展

關於國家安全，基本上，多數人會將之認定於國際關係之概念上，蓋因第一次與第二次世界大戰及冷戰態勢之發生，大家著重的是國家與他國間之互動，包含合作與衝突間交互作用。及至全球化議題擴展迅速，影響力遽增，涉及的面向多元、廣泛，國家如何能永續發展及有效經營更受人們重視。因許多課題與國家安全皆有連結，故維繫國家安全遂成爲顯學、學術界的研究主題及焦點。一如其他類科，「安全」問題會涉及其他不同的學科（術），透過單一學理去理解安全面貌，有如以管窺天、片段式地切割，不見事件核心全貌；唯有經由各種學科多元化的訓練與汲取，方能涵蓋「安全」的所有元素。

根據1994年人類發展報告，人類安全的組成部分包括：經濟安全、食物安全、健康安全、環境安全、個人安全、社區安全、政治安全（Tadjbakhsh and Chenoy, 2007: 128-129）。而上開安全層面非常深邃，正因爲安全議題牽連甚廣，且國際互動層面極爲深廣，解釋或預測未來安全之發展因而有其不完善之處；當然，要解析「安全」的整體性概念與面向，需要有「理論」之支撐；不僅僅是邏輯上企圖去解釋所觀察到的現象以及所知的事實，同時，它也允許科學家去預測所想要觀察與其理論間之一致性與否，並藉以協助檢閱其性質。當然，沒有任何理論能夠詮釋所有現象。本章針對有關「安全」之重要理論簡述如下。

一、現實主義

現實主義（Realism）學派從權力角度解釋國際關係，將國家間相互行使權力的現象稱爲現實政治或權力政治。現實主義認爲政治權力的重要性超過道德、意識形態及其他經濟與社會生活層面。國家（state）不是一個形而上的概念，而只是控制失序行爲的必要工具（張文揚等譯，2007：374-375）。其對國際關係共同看法爲：（一）國家是自主的行爲者，採取理性行動追求國家利益；（二）國家是國際體系最重要的成員；（三）國際體系是無政府狀態（anarchy）。從主權與無政府狀態之概念來看，現實主義強調如何有效執行國際協定。正因爲國際體系是無政府狀態，若想制止其他國家行使權力，最可靠的方法是凝聚能夠與之抗衡的力量。因而，權力平衡（balance of power）之落實，是國際體系維持穩定的主要原因，權力分布是決定國際體系本質最重要的因素，而結盟行爲、圍堵策略（containment）遂成爲穩定國際體系中之運用手段與角色扮演（歐信宏等譯，2008：57-58、79、83）。

另一方面，新現實主義（Neorealism，又稱結構現實主義）在維持現實主義以經驗爲依據的觀察上，認爲國際關係是由互相對立的關係所組成的，新現實主義者指出，這是國際系統的無政府架構造成的。他們拒絕解釋國家內部的特徵，主張國與國之間因爲相對利益和平衡而不得不對抗權力的集中。與現實主義不同的是，新現實主義試圖採取科學和更爲實證性的方式去解釋整個國際情勢。在這樣的概念脈絡下，新現實主義轉而從結構的角度來探討國際關係，認爲國際關係之結構是由國際政治上權力分配的結果而決定，結構制約並影響國家之長期戰略與外交政策。國家爲國際關係的主要行爲者，但在新現實主義的概念框架下，則認爲國家間並無功能上的分殊，影響各國對外政策的因素並非國家內部之歧異，國家在國際結構中所處的位置不同，才是造成各國對外政策不同的主要因素。而對權力的解釋，傳統現實主義認爲對權力的追求根植於人性，權力是國家追求的目的，而新現實主義則強調權力本身不是目的，而是實現國家目標的有用手段，國家追求的最終目標是安全，而不是權力。[1]

對於「安全」的看法，羅森諾（James N. Rosenau）認爲安全深度有五層：國際體系、國家、次國家的、跨國的及個人。再者，此學派認爲安全是一種狀態（condition），因此，會注入價值與情感。安全研究在過

---

1 維基百科，https://zh.wikipedia.org/zh-tw/結構現實主義，查閱日期：2024/4/5。

去30年，不僅經歷特質的改變，也是今日國際關係中最具動態特性之議題之一（Cavelty and Mauer, 2010: 2）。國家要達成絕對安全是不可能的（Kristensen, 2008: 63-83）。無論新舊現實主義，其國際安全的核心議題均包括：戰爭的起源、區域性戰爭與和平、國家間於規範下局部最佳之安全、大國軍事干預、威脅評估、主要戰爭後和平安置之限制、單極動態性、美國冷戰下外交政策、冷戰之結束、美國、南韓與日本對抗北韓核武危機之策略、布希政府入侵伊拉克與外交策略等。而大國崛起，如中國、蘇聯、印度，以及本土戰爭與恐怖主義議題，對現實主義傳統上言，除了是一大挑戰外，針對有關國內機制在國際衝突上之效果仍未全面地達成協議，以及包括核武擴張之牽連性，都有待加強論述（Cavelty and Mauer, 2010: 17-18）。

二、自由主義

自由主義（Liberalism）來自於第一次國際關係理論的「理想主義」。它在第一次世界大戰後浮現，以解決國家在國際關係上控制和限制戰爭的無能。對現實主義之主張提出了四點批判：（一）國際社會並非無政府狀態，事實上，國際互動制度在許多方面受到良好規範，國際間之互賴途徑與合作有增無減；（二）國家並非單一行爲者，每一個國家有他一貫的利益。國際社會有許多非國家成員，包括個人、官方、民間組織與種族團體；（三）國家並非是理性的；（四）質疑軍事力量有著無可比擬之重要性，軍事力量以外的籌碼地位日趨重要（歐信宏等譯，2008：102-103）。

新自由主義於1980年代出現，其延續自由主義之核心概念，國家尋求建立長期的互惠關係通常比全力擴張一己短程利益更爲理性。新自由主義承認現實主義的若干假設基本無誤，例如：國家可被視爲單一行爲者，並且理性地追求自身利益。新自由主義利用囚徒困境賽局說明國家合作之可能性爲何存在，若只追求一己之利，結果是大家都沒什麼好處，因此「合作」成爲最一開始的方式。互惠（reciprocity）是執行國際規範的重要原則，但非可體現世界政府，因爲你怎麼對我，我就如何回應，也有可能是採取報復、衝突手段；國際機制（international regime）[2]的出現是一個關鍵，其可促成國家間之合作，也能決定擺脫困境與創造機會（歐信宏等譯，2008：105-107）。

至於自由主義應用在國際安全事務上，最主要強調的是集體安全（collective security），由大多數強國組成聯盟，如果有國家向外侵略，聯盟便會負起遏阻責任。集體安全能否成功，取決於會員國必須遵守它們的安全承諾，以及必須有足夠數目的會員國對於何謂侵略看法一致等兩項因素。但集體安全體系基本上不具備制止強國侵略的功能，例如：蘇聯入侵阿富汗、美國在尼加拉瓜港口布雷，或是法國炸掉綠色和平組織名下的「彩虹戰士號」，聯合國只能袖手旁觀。但近年來，集體安全概念不斷擴大，有些國家由於內部問題無法控制自身領域，因而易成爲毒品走私、洗錢或恐怖分子的活動據點。國際社會對此有義務進行有效干預，帶給國際體系之集體安全（歐信宏等譯，2008：110-112）。另外，其也主張透過「民主、經濟上互賴及國際機制」等方式，可減少軍事上之衝突（Rousseau and Walker, 2010: 26-29）。

三、批判理論

批判理論（Critical Theory）約興起於1960年代，因主張將馬克思主義黑格爾化，並融入佛洛伊德的學說，因此又稱作新馬克思主義（Neo-Marxism），主要是由德國法蘭克福學派（Frankfurt School）發展出來的理論體系。從理論上與方法上反對實證主義（Positivism），借用馬克思的「異化」（alienation）概念建構了一套批判理論，主要是對資本主義的社會現狀及其意識形態持否定、批判的態度。其批判之目的在於揭露社會弊端，以喚醒民智，並進行人文主義的心理分析。認爲經濟、政治、教育制度會複製階級、種族或性別上的不平等；官僚主義、權威主義、權威人格乃是其必然結果，且資本主義社會已成爲病態的有機體。而自啓蒙運動

2 指一整套的法則、規範與程序。

以來，整個理性進步的過程已落入實證主義思維模式的深淵，尤其在現代工業社會中，理性已經工具化，成爲權勢者的奴隸，並不具有前導歷史的力量。至於科學技術，在現代工業社會中更成爲一種宰制人的意識形態，並藉著支配自然界而實現對人的支配。[3]就國家言，其係以國家爲中心，強調人類對於解放的需要，因爲國家減少了在提供個人服務和安全上的角色。

批判理論的兩個主要焦點就是關於形成認同的過程，以及關於文化機構（包括了媒體、宗教及至科學與學術成果）如何被使用來形塑認同及指定何種事物在一個文化裡面是眞實、正常或可被接受的，並且將特權給了某些人，而邊緣化或否定了其他人。其對安全著重在研究「威脅、運用與控制軍事力量」（Walt, 1991: 211-239）；關切的是對世界軍事策略之詮釋，非從基本上去改變它，而是以自己的方法去精進。提供直接政策建議予國家去控制本身的軍隊，特別是擁有核子武器的國家，其安全研究目的即是在此。由於本理論發展之後，陸續包含有結構主義、後結構主義、解構主義、馬克思主義、女性主義等的興起，因此對安全的看法分歧。

四、建構主義

建構主義（Constructism），簡單來說，是強調非物質的觀念因素對國際關係的影響，認爲國際社會是由行爲者及環境相互建構而成，而這非物質的觀念，可能是文化、規範、信念和意識形態等。而且，從建構主義的角度看來，非物質因素與物質因素（軍事、經濟等）一樣重要。建構主義探討國家利益內涵，以及國際制度特質如何隨著國際法規範的改變而有所不同。其遵循的是「適當性的邏輯」，近年來有些建構主義者嘗試引入哈伯瑪斯的溝通行動理論，主張國家的行動尚遵循另一種邏輯——「尋求眞理或論證的邏輯」，其具體的表現是所謂的「溝通行動」。這些建構主義者認爲，引入哈伯瑪斯的溝通行動理論可以加強建構主義對於改變發生

3　本段文字取材自國家教育研究院，https://pedia.cloud.edu.tw/Entry/Detail/?title=%E6%89%B9%E5%88%A4%E7%90%86%E8%AB%96，查閱日期：2021/1/22。

的「微觀機制」——即解釋國家的偏好與利益如何在互動中發生改變的說明，並主張這種改變有可能是因爲「較佳論據」所造成的。[4]而在建構主義裡，他們認爲社會事實（social facts）並沒有客觀地存在，對各個行爲者來說具有不同意義，並有著不同影響結果。國際關係是「相互建構」的，意即「單一行爲者」（agent）與結構（包含制度、規範等非物質的因素）的相互建構。[5]

建構主義強調認同（identity）與集體認同（collective identity）。認同是一種動態過程，即能夠產生動機和行爲傾向之有意圖行爲體之一種屬性（Wendt, 1999: 224）；集體認同指自我與結構體系的認同，並將對其他行爲者一併納入自我其中之一種群我意識關係，區域認同即爲集體認同之一種模式（Katzenstein, 2000: 354）。而對安全觀之見解，受到全球化影響國際脈絡，國家安全的內涵及外延發生顯著的變化，包括：（一）國家間接觸頻繁，相互依賴日益增加，彼此關係也逐漸複雜；（二）在全球化衝擊下，國家角色及權力有弱化趨勢（Maswood, 2000: 10）；（三）國際組織應運而生且數量增加，重要性也大幅提升；（四）軍事力量的重要性與運用空間降低。故安全觀與「非傳統安全」較爲接近；由於全球化的議題皆納入其中，因此對安全威脅的型態非常龐雜（莫大華，2003：158-159）。又建構主義重視國家行爲，認爲國家行爲的基礎在於其觀念想法如何（Farrell, 2002: 52）。

建構主義已將安全指涉之對象，遠超出國家的範圍，並視爲「公共財」（public good）之一，無論個人或社會群體，都包含在意識形態上所存在之無形結構體之安全範圍，進入「人類安全」之領域。分析的對象以人類爲主體，而關注的面向則在於免於恐懼與缺乏權力及自由上（Newman, 2001: 239-251）。

---

4 臺灣政治學刊網站，https://www.tpsr.tw/taxonomy/term/978，查閱日期：2021/1/22。

5 沃德。我的，https://myworld.csie.io/2016/10/認識國際關係系列%EF%BC%9A建構主義/，查閱日期：2021/1/22。

五、社會安全

社會安全（societal security）起源於1983年布贊（Barry Buzan）著作《人、國家與恐懼》。其後，社會安全成為最重要的挑戰（對以國家為中心與客觀主義者之安全概念來說）。在國際關係上，其與視國家及規範性（normative）關切為分析主體者稍有不同；解釋典範在認同、社會建構之崛起，吸取不同的理論活動協助說明以社會大眾安全為分析的概念。傳統安全著重於避免國家遭受其他國家的威脅，而社會安全理論家尋求突破「社會安全為一簡單的國家安全延展」之觀點，將社會概念化為潛在的獨立性安全目標，以及社會力量為一潛在性的安全行為者；社會，屬一社交單位，提供成員認同的所在地。社會因其本身語言及風俗習慣之不同而與其他社會有所區別，對社會安全理論者來說，任一認同社群之特質為其成員之價值保存，而非為一手段去成就他人，透過價值保存以協助維繫本身概念，且此為社會之根基，社會安全在此之下即是某種認同個人安全之象徵。

社會安全意味認同社群存在之能力，與永續有關，乃傳統模式之語言、文化、合作、宗教及國族認同與習俗演化狀態之可接受性，亦即，社會安全包含主客體，而社會安全學者不認同明確的動態安全性，但他們承認在特定社會情境下之安全論述，可有其效果發生；安全性，最終應回歸論及社會與國家間關係。若國家內部分成幾個不同的社會單元，如族群、文化或語言上的次級團體、自我認同的群體等，則社會及國家二者對安全看法會相互敵視，一方面，國家會透過同化少數民族機制，以設法提升內部凝聚力；另一方面，許多少數民族會藉由國家自身需求情境，提出他們在文化上或認同上之存續，而此需求，易造成社會上之不安全感增加，尤其在國家領導中心菁英嘗試同化少數民族的情形下。當代有三個策略可以克服此些困境：（一）提高更廣泛、全面性及補充性的國家、社會認同，而非競爭性的；（二）聯邦式或轉移安排，允許影響次級單位極大的文化上自由性，以交換政治上對國家之忠誠度；（三）國家應去除對社會認同有安全上之威脅事項（Theiler, 2010: 105-113）。

六、人類安全

人類安全（human security）與傳統上安全及以國家爲中心之安全大不相同；人類安全強調的是個人的人身安全，此主張現已成爲當代探討安全的意義及定義之核心組成。而且，許多學者與實踐者針對國家內部因發展問題及政治暴力所引起的不安全狀態，非常認同人類安全之觀點。

惟提倡人類安全議題也造成了兩個爭論，其一爲有關人類安全問題；另一則爲經由保護責任（Responsibilities to Protect, R2P）去實踐及支撐較狹隘的人類安全。首先，就人類安全問題部分，在東西方結束衝突，給了世界更樂觀景象時，至少在冷戰時期以國家爲中心之重要性會降低，原本大部分經費支付在軍事上者，可以轉移至全球受忽略的議題上。以聯合國開發計畫署（United Nations Development Programme, UNDP）1994年人類發展報告[6]爲依據，人類安全有兩層意義：其一爲避免人類遭受長期饑餓、疾病與壓迫之威脅；另一則爲日常生活之保護，以免除受到突發性與傷害性之崩解——無論在家庭、工作或社群，其包含有七類不同的面向，分別爲：經濟、食物、健康、環境、個人、社群及政治安全等。對人類安全之鼓吹，將使傳統上安全的教條產生挑戰。以狹隘（narrow）觀點言，最嚴重威脅人類安全者，是在內部衝突中，以政治暴力對抗一般民眾（Mack, 2004: 366-367），爰安全需求是有免於恐懼之自由。相反地，以廣域（broad）觀點言，主要的威脅是指低度開發下所有的危害（ills）（Thakur, 2000: 229-255），爰人類安全是自由地享有任何需要，以及免除低度開發下所造成的不安現象。狹隘觀點者認爲，有關廣域觀點所提出之安全概念是不具有任何意義的；而廣域觀點則持續認爲人類安全牽涉的不僅僅是免於恐懼之自由，應該有更廣的安全議題存在。不過，整體來說，兩者間的爭論，其實僅是概念上的不同——不同政策間的相互牽扯。迄今，兩者看法仍陷入僵局（stalemate）（Kerr, 2010: 116-117）。

第二波爭論是針對有關安全實踐上的事項（agenda），如人道軍事干

6　可參考聯合國開發計畫署，https://www.undp.org/content/undp/en/home/，查閱日期：2021/1/22。2020年12月該署並發表了《人類發展報告30周年》。

預阻止大規模的平民迫害，對人類安全係以理性的概念爲基礎，但此重要的連結卻常草率地一語帶過、略而不提或忘卻。有學者認爲，此概念在太繁雜而無特別的政策與機制之選擇下，保護責任會失焦，且事實上，人類安全與保護責任是一體兩面（Luck, 2008: 5）。保護責任結合三個與實踐人類安全上責任有關的事項：避免（prevent）責任、回應（react）責任及重建（rebuild）責任。此些責任與廣泛主權概念化相互連結，不僅僅是國家控制領土邊界與國內事務之權利，同時也是保護其人民免受暴力責任之所在，一般特別關切的是大規模暴力與有系統的人權濫用及種族屠殺事件（Kerr, 2010: 118）。

總之，從國家面向轉至個人面向，威脅應包括人類安全，但當安全被轉化成對人類個人時，此威脅有哪些界線，以及其如何被描述並不清楚；是否所有威脅人類安全事物皆列入？所稱威脅應至何種境地？造成之傷害要達多少人才算？其結果即是對人類安全形成多重定義、多種的概念類型，以及運用目的之多樣性。吾人深知，傷害人類主要非在國家間之戰爭上，而是在疾病、極度貧窮、自然災害、人民衝突及小武裝衝突。換言之，主要威脅已然轉變，似乎，吾人安全機制也應配合調整（Owen, 2010: 39-49）。

七、其他理論

爲有效了解國土安全組成內涵，另在學術上亦有五種理論可以簡略描述國土安全，包括（Ramsay, Cozine and Comiskey, 2021: 5-6）：

（一）**描述性理論（Descriptive Theory）**：指描述或區分特別廣域或特性之有關於個人、團體、情況或事件等，此係藉由謹慎觀察後概述大眾之發現。

（二）**解釋性理論（Explanatory Theory）**：指預測其精準性或原因，關於現象大小或特性，或團體彼此間之不同。

（三）**規範性理論（Normative Theory）**：涉及價值判斷及描述。

（四）**預測性理論（Predictive Theory）**：預測產出效果。

（五）**紮根性理論（Grounded Theory）**：指歸納調查一般理論所導引出的過程、行動或其交互行動之結果。

第二篇

組　織

第三章
美國國土安全之組織

眾所周知，「國土安全」之受重視肇始於九一一攻擊事件；對全球國家而言，安全層次已提升至「保有國家國土整體完整、避免遭受任何危（侵）害」之層次。因國土安全係由美國創始，爰針對美國[1]（國土安全部）之現況進行簡要闡述。

一、國土安全部成立背景

對美國人來說，九一一攻擊事件應該仍是未來揮之不去的夢魘，但同時也將安全帶入一個新紀元。美國發現，與之對抗的敵人，清楚地將現代科技與大規模毀滅武器結合，且手法不斷翻新；因而，美國不僅有長期對抗之準備，也對其國內安全系統產生新的規制（norm）效果，賓拉登（Osama bin Laden）雖於2011年5月2日遭擊斃，然國土安全的維繫並未因此而有所鬆懈，美國仍然持續成立基本的體制以維護及對抗恐怖威脅。於此同時，世界各國不時亦傳出相關之恐攻事件，諸如2013年波士頓馬拉松炸彈案、2015年11月13日至14日巴黎及其近郊襲擊事件[2]等。

有鑑於此，美國新的安全觀發生質變，包括在政府的組織與民眾生活上。2001年9月20日，時任美國總統布希（George Walker Bush）宣布在白宮下設國土安全部（Department of Homeland Security, DHS），同月24日，宣布制定「美國愛國者法」（USA PATRIOT Act of 2001）；同年10月8日，頒布行政命令第13228號，設立國土安全辦公室及國家安全會議，其目的在合作與執行架構下，統合偵測、預防、保護、回應及復原美國境

1 實際上負責美國本土安全的部會級機關甚多，在此僅以國土安全部爲例進行說明。

2 傷亡達500多人。

內的恐怖攻擊，此爲國土安全概念及其政策引導實行之濫觴。另國家安全會議負責發展與合作執行全面性的國內策略，以保護美國防止受恐怖威脅及攻擊。2001年10月26日，前揭美國愛國者法立法通過，部分目的在阻擋及懲罰恐怖行爲，擴大執法人員的調查及警戒權力。同月29日，國土安全總統指令（HSPDs）頒布，形成國土安全執行政策與程序之重要依據。2002年11月25日，美國總統簽署「國土安全法」（Homeland Security Act of 2002），國土安全部也於是日正式掛牌運作。

二、任務、目標及挑戰

依照2014年每4年一次的「國土安全評論報告」（Quadrennial Homeland Security Review Report, QHSR），國土安全的任務及目標如下（Martin, 2020: 13-16）：

（一）任務一：預防恐怖分子及加強安全

目標1-1：避免恐怖攻擊。

目標1-2：避免及保護對抗關於未經授權取得及使用化學、生態體系、放射線、核子物質及其武力。

目標1-3：減少國內關鍵基礎設施、重要領導人及其危機事件。

（二）任務二：保護邊境管理及安全

目標2-1：加強美國空中、陸地與海域邊境及任何可入境之途徑安全。

目標2-2：保護與加速合法貿易及旅遊。

目標2-3：截斷與去除跨國犯罪組織及其他非法樣態。

（三）任務三：執行及治理移民法令

目標3-1：強化及有效的移民體系治理。

目標3-2：阻擋非法移民。

（四）任務四：保衛資訊安全

目標4-1：深化關鍵基礎設施安全及其復原能力。

目標4-2：保護聯邦公民與政府資訊科技重要設備。

目標4-3：進化執法工作、對意外之反應，以及報告能力。

目標4-4：對生態系統之支持。

（五）任務五：加強國內準備及回復

目標5-1：超前之國內部署。

目標5-2：減緩危險及受侵害之機會。

目標5-3：確實及有效的緊急應變能力。

目標5-4：可快速的復原。

同時，對美國未來5年，[3]「國土安全評論報告」並提出將有六大最具策略及危險性的挑戰：

（一）恐怖威脅不斷進化，攻擊型態也在轉變，攻擊計畫之特殊性及行動執行越趨於去中心化。美國與其同業，特別是運輸部門，仍然是攻擊首選。

（二）因電腦等資訊危害及威脅增加，對關鍵基礎設施及美國經濟將產生更大危機。

（三）生化系統，包括生化攻擊、大流行性疾病、外國動物疾病，以及農業上關切部分，因具潛在性與衝擊性，對國土安全可能之危害仍應持續關注。

（四）核武恐怖分子透過介紹及運用臨時組裝核武設備，雖可能性不大，但其潛在性結果不能忽視，對國家仍有相當的危險。

（五）跨國犯罪組織之能力及力量持續增強，對仿冒品、人口販運、非法藥品及其他非法人流與貨物，產生一定的衝擊性。

---

[3] 報告雖係2014年提出，5年時間亦已屆期，然實際上，其所提出之挑戰對美國現今仍適用，併於敘明。

（六）特別要強調自然危機，因有氣候變遷、相互依賴性，以及年代久遠未修之關鍵基礎設施等因素影響，造成其多變性結果。

三、國土安全部組織現況

國土安全部整併美國原已存在約23個部門，[4]是目前美國最新及職員人數第三大的聯邦內閣部門。[5]國土安全部負責美國境內的邊境管制、情報統籌、緊急應變、防止恐怖活動以及移民事務等。另外，負責保護美國總統等重要政要的美國特勤局（United States Secret Service）亦屬於該部。據統計，2025年國土安全部年度預算高達1,079億美元，職員數約24萬人。有關國土安全部現今的組織圖如圖3-1。[6]

國土安全部因組織龐大、機關數及職員眾多，無法針對其轄下一一介紹，爰選擇重要所屬機關（如與移民有關）加以說明之（Bullock, Haddow, and Coppla, 2020: 163-181；Martin, 2020: 93-97）。

（一）資訊安全與關鍵基礎設施署

資訊安全與關鍵基礎設施署（Cybersecurity and Infrastructure Security Agency, CISA）被認爲是國內危機建言者，其工作是賦予國家許多不同的組織與實體權力，尤其是關鍵基礎建設與經濟安全機關上的協同者，努力去保衛自己本身，以及讓國家在威脅中迅速覺醒、恢復。

CISA協助建立國內電腦安全防禦能力，並與聯邦其他部門共同合作以提供電腦安全上的工具、意外反應服務及評估能力，角色是強化公眾安全與各層級政府間相互運作及溝通順暢，以提升地區發展及機關單位間緊急應變溝通之能力。其轄下設有國立危機管理中心（NRMC），負責計畫、分析及協力，可確認及強調對重要關鍵基礎設施產生之最具特殊性的危險，並與私部門及其他關鍵利害關係人就重要關鍵基礎設施社群進行確

---

4 如美國海岸防衛隊（United States Coast Guard, USCG）、特勤局、聯邦緊急事務管理署（Federal Emergency Management Agency, FEMA）等。

5 僅次於國防部及退伍軍人事務部。

6 國土安全部，www.dhs.gov，查閱日期：2024/6/30。

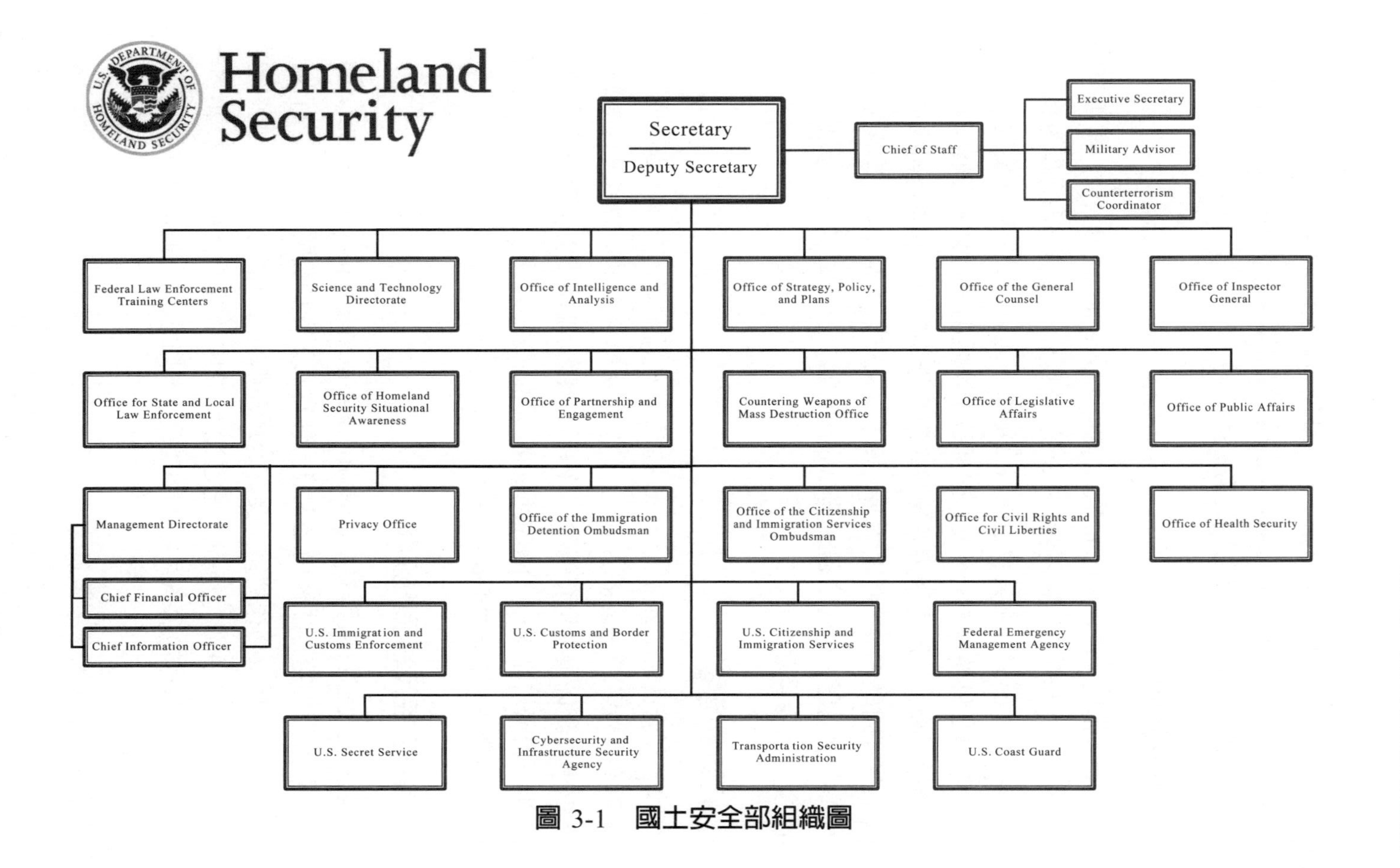

圖 3-1　國土安全部組織圖

認、分析、排序與管理，預防對不同態樣的關鍵功能最具策略性的危險。故CISA是主要的保護與預防重要關鍵基礎設施遭受攻擊之聯邦部門。2025年的預算約為30億美元；職員數3,641人。

（二）科技與技術處

科技與技術處（Science and Technology Directorate, S & T）提供有關「指引、資金、研究架構、發展、測試、評估、技術與系統取得等之指揮」，避免大規模武器與其製造原料之輸入，也支持發展解決對此些武器所造成的意外之回應機制。S & T採行基本與應用「研究、發展、示範、測試與評估活動」，將之運用於涉及國家安全事項上，計畫並組織成六個區塊：1.首次回應者；2.邊境與海上安全；3.電腦安全；4.化學與生物防禦；5.爆炸物處理；6.重要關鍵基礎設施與復原。2025年的預算約為8億3,600萬美元；職員數563人。

（三）行政管理處

行政管理處（Management Directorate）負責預算、撥款、費用支出、審計與財政；採購（procurement）；人力資源與人事；資訊技術系統；設備、財產、配備及其物資資源；確認與追蹤有關國土安全部負責之績效檢測；生物特徵辨識服務（biometric identification services）。2025年的預算約為40億美元；職員數3,895人。

（四）美國公民及移民服務局

美國公民及移民服務局（US Citizenship and Immigration Services, USCIS）是負責加速合法移民之入境、住居及工作於美國。提供正確及有用資訊，賦予公民及移民利益，提升公民知悉與了解訊息，確認並整合融入移民體系。全球各地每年提出超過2,500件申請案，全職員工於2025年將達24,246人，預算約為68億1,000萬美元。其發展出六個策略性的目標以完成此些任務：

1. 強化移民體系之安全與整合。

2. 提供有效以顧客爲導向之移民利益與資訊服務。
3. 支持移民整合與參與美國公民文化。
4. 提升彈性的與公正的移民政策與計畫。
5. 加強關鍵基礎設施以支持該局的任務。
6. 發展成爲高績效組織，並提高高端人才人力及滾動式工作文化。

（五）美國海關及邊境保護局

美國海關及邊境保護局（US Customs and Border Protection, CBP）主要任務爲保護美國邊境及其官方（合法）入境港口，確保人員及貨物入出之合法及安全。策略性地偵查定位以限制跨界禁運走私，如禁藥或其他管制物品、大規模炸藥與非法動植物；確認移民或旅行觀光者之入境美國，係以合法有效證件爲之。其他重要工作包括：預防非法貨幣輸出、將偷竊物及零件輸出（如摩托車）；戰略性敏感度技術輸出，能爲其他團體或外國政府所用以危害美國戰略及經濟地位。美國邊境共長12,032公里，由邊境巡邏隊（Border Patrol）負責安全，同時協助海岸防衛隊（Coast Guard）的工作，共同維護海岸線的完整及安全。

2002年，運用「貨櫃安全倡議計畫」（Container Security Initiative），允許先前掃描海運貨櫃，在其抵達美國港口之前，檢查及偵測是否有大規模殺傷性武器或其他非法原料供應鏈。目前約有58個類此設備座落於全球各地，執行是項勤務。另空中與海上行動部（Air and Marine Operations）之巡邏隊，梭巡國家邊境以阻斷非法藥物及恐怖分子之入境美國，並提供警戒及行動以支持特別的國家安全事件。再者，其入境有專門處理人員及貿易首席人員，強化美國貿易與關稅法令及命令，確保公平及具有競爭性之交易環境。2025年的預算高達197億6,400萬美元，占國土安全部總預算的18%，職員數達65,622人。

（六）美國移民及海關執法局

美國移民及海關執法局（US Immigration and Customs Enforcement, USICE）執行聯邦有關移民與海關之法律，其工作爲保護國家及維護大眾安全，透過鑑定消除邊境上的犯罪組織；調查及執法人員可鑑定、逮捕、驅逐罪犯與其他非法外國人。2025年的預算爲96億9,500萬美元，占國土安全部總預算的9%，職員人數將達21,439人。其轄下重要的分支機關有：

1. 執法及驅逐行動組（Enforcement and Removal Operations, ERO）：負責執行國家移民法，包括鑑別非法移民，或將其居留及驅逐出國。其執法焦點對象爲威脅美國安全之罪犯、通緝犯、嫌疑犯及恐怖分子。
2. 國土安全調查組（Homeland Security Investigation, HSI）：移民及海關調查之武裝人員，負責調查非法移動及人口販運、貨物之進入或離開美國，同時亦偵查移民犯罪活動、電腦犯罪、毒品、武器私運、經濟犯罪等。另一重點在調查中國公司有無違反美國智慧財產權（Intellectual Property Rights）事件。
3. 管理及行政組（Management and Administration）：負責美國移民及海關執法局的預算、支出、會計、採購、人力資源、訊息技術及其他行政事務。

（七）情報與分析辦公室

情報與分析辦公室（Offices of Intelligence and Analysis, OIA）主要任務爲運用及透過不同的資訊來源和蒐集到有關聯邦政府的情報，以鑑別及評估當前或未來威脅美國之可能，並將蒐集到的訊息或情報，分享或提供給國土安全部、州政府、地區政府或私部門。2025年的預算數爲3億4,800萬美元，職員數爲1,023人。

第四章
我國國土安全（執法）之機關組織

爲因應九一一攻擊事件，提升國人對國土安全之認知，以及應付未來國內可能遭遇的恐怖攻擊，爰行政部門開始著手相關措施，同時也開啓國人對安全及反恐的關注。

第一節　我國國土安全組織發展沿革

爲因應聯合國安全理事會通過第1373號決議案，呼籲各國緊急合作，防制及制止恐怖行動。身爲地球村之一分子，不能置身於世界反恐行動之外，陳前總統於2002年9月8日三芝會議宣誓堅定支持反恐行動，決心積極配合建構相關反恐機制，以具體行動與世界各國建立反恐怖合作關係，此係行政院成立「國土安全政策會報」之濫觴。相關組織成立沿革如下。[1]

一、行政院反恐怖行動政策小組（2003年1月6日～2005年1月31日）

行政院於2003年1月6日訂定「行政院反恐怖行動政策小組設置要點」，成立反恐怖行動政策小組，由院長擔任召集人，成員涵蓋12個部會，並且陸續推動多項全面性的反恐具體措施，其中最重要的措施爲制定「我國反恐怖行動組織架構及運作機制」，依「危機預防」、「危機處理」、「復原清理」等三階段，整合國安體系與行政體系間之聯繫及分工，明確區分「平時」及「變時」處理之組織架構及職掌，並律定機制啓

[1] 行政院國土安全政策會報，https://ohs.ey.gov.tw/Page/A971D6B9A644B858，查閱日期：2021/2/18。

動及決策流程，爲我國推動反恐工作奠定重要基石。2004年11月16日「行政院反恐怖行動政策小組」召開會議，核定通過「我國反恐怖行動組織架構及運作機制」，並決議將政策小組全銜修正爲「行政院反恐怖行動政策會報」，且於行政院院本部成立「反恐怖行動管控辦公室」任務編組單位，擔任會報幕僚。

二、行政院反恐怖行動政策會報（2005年1月31日～2007年12月21日）

2005年1月31日行政院頒訂「行政院反恐怖行動政策會報設置要點」，擔任幕僚之「反恐怖行動管控辦公室」開始運作，積極辦理教育訓練，審核各應變組提報之應變計畫，舉行大型跨部會之反恐行動專案演習（2007年以後正式改稱「金華演習」），驗證救災與反恐機制之結合，並依據演習結果，修訂「我國反恐怖行動組織架構及運作機制」，調整應變組織架構及預警情資作業。另綜合各機關意見，通過反恐怖行動法草案之修訂，於2007年3月23日函請立法院審議。2006年6月30日提報「我國緊急應變體系相互結合與運作規劃報告」，分析反恐應變機制與全民防衛動員（以下簡稱「全動」）及災害防救（以下簡稱「災防」）等應變機制的特點與弱點，提出短、中、長期建議方案，規劃以「全救災」思維，建立單一應變體系，強化橫向協調與跨機制聯繫，並建議院長主持之「反恐行動」、「全動」、「災防」等三個會報，短期目標爲每年召開一次聯合會報，中長期目標則配合組織改造，成立「國土安全會報」，爲三項機制之統一政策指導單位。

2007年8月16日行政院召開「行政院國土安全（災防、全動、反恐三合一）聯合政策會報」，並決議將「反恐怖行動管控辦公室」更名爲「國土安全辦公室」，並另負責協調國安會、經濟、交通、國科會等相關單位，推動國家關鍵基礎設施的安全防護工作。

三、行政院國土安全政策會報（2007年12月21日～迄今）

2007年12月21日行政院核定「行政院反恐怖行動政策會報設置要點」修正爲「行政院國土安全政策會報設置要點」，以「國土安全辦公室」作爲幕僚單位，主要任務在整合國內反恐怖行動、災害防救、全民防衛動員、核子事故、傳染病疫病、毒災應變、國境管理及資通安全等機制，以建立專業分工、協同合作之「國土安全應變網」。爲加強重大人爲危安事件之應處，於2014年11月7日核定「國土安全應變機制行動綱要」，定義恐怖攻擊與重大人爲危安事件、律定各應變組啓動應變機制的程序及17個功能小組的任務；另配合修正會報設置要點爲「行政院國土安全政策會報設置及作業要點」，融入前述行動綱要之宗旨，召集人也由院長修正爲副院長，責由國土安全辦公室審核各應變組主管機關應變計畫，結合關鍵基礎設施防護、萬安、災防及金華演習，不斷驗證各種狀況之應變能量，並藉「聯安專案」，建立各反恐特勤部隊間資源共享、觀摩學習、聯合演訓、協同作戰及指管、通聯系統等相關運作機制。2017年5月8日爲強化應變功能小組與各應變組專責幕僚單位之協同合作，及配合資通安全處之成立，再度修正「行政院國土安全政策會報設置及作業要點」。

在國家關鍵基礎設施防護方面，於2012年3月核定「國家關鍵基礎設施安全防護指導綱要」，開始推動國家關鍵基礎設施之盤點及分類分級，2013年11月6日國土安全政策會報決議正式展開國家關鍵基礎設施的安全防護工作，由行政院國土安全辦公室邀集專家學者、主領域協調機關代表組成關鍵基礎設施防護專案小組，實施風險評估與管理，每年針對年度工作計畫、教育訓練、演練計畫、建構防災韌性與政府持續運作之能量。

在國境管理與國際合作方面，推動大港計畫、貨櫃安全倡議、國際衛生條例（Internationl Health Regulations, IHR）港埠核心能力建置、免簽證計畫，以強化國境管理，阻絕恐攻風險威脅於境外；國際合作方面，參與亞太經濟合作會議（APEC）反恐工作小組、全球反制ISIS聯盟、臺歐盟諮商會議、戰略性高科技貨品出口管制會議，以促進國際交流與合作。

第二節 國土安全辦公室之任務

依行政院處務規程（下稱處務規程）第7條第12款規定，本院設國土安全辦公室，分三科辦事，爰國土安全辦公室爲一正式業務單位，目前員額約爲17人。其主要任務依處務規程第18條規定，爲掌理下列事項之政策研議、法案審查、計畫核議、業務推動、督導及管考：一、反恐基本方針、政策、業務計畫及工作計畫；二、反恐相關法規；三、本院與所屬機關（構）反恐演習及訓練；四、反恐資訊之蒐整研析及相關預防整備；五、各部會反恐預警、通報機制及應變計畫之執行；六、反恐應變機制之啓動及相關應變機制之協調聯繫；七、反恐國際交流及合作；八、國土安全政策會報決議、配合國家安全系統職掌之反恐及關鍵基礎設施防護；九、關鍵基礎設施安全防護基本方針、工作計畫、演習訓練、安全監控、通報應變機制；十、其他有關反恐、關鍵基礎設施安全防護業務事項。其核心任務如下。[2]

一、預防——阻絕境外威脅，防範境內風險

（一）強化情資取得與分析

1. 國際方面：與歐盟及美國等重要盟邦建立聯繫管道、情資分享、掌握全球最新動態，並協調各單位加強與國際間反恐情報交流與經驗分享。
2. 國內方面：協調國安單位深化情報作爲，加強預警能力。相關單位接獲有關恐怖活動及重大人爲危安情資時，必須彼此通報，協調整合，加速應變處置效能。

（二）強化管制及阻絕措施

藉「國土安全政策會報」及相關協調會議，督導移民署強化邊境管

2 行政院國土安全政策會報。

制；經濟部、財政部關務署、內政部、衛生福利部等加強各種恐怖攻擊可資利用的物資管制；法務部、金管會等阻斷恐怖組織資金來源等。

（三）推動「IHR指定港埠核心能力計畫」

配合WHO推動國際衛生條例，召集中央相關部會並整合公、私跨部門及各港埠駐港單位共同參與，要求從港埠源頭管控生物、食品、化學、人畜共通疾病、核輻射等所有可能造成疾病國際傳播之公共衛生危害，已完成二期計畫，含括7個港埠，可涵蓋我國九成五以上之入、出國旅客數及貨物吞吐量，並已通過國際專家認證。

二、排除潛在衝擊、建構防災韌力

（一）推動國家關鍵基礎設施防護計畫（CIP）

督導各關鍵基礎設施主管機關，遵循「國家關鍵基礎設施安全防護指導綱要」規範之風險管理架構，針對天然災害、人為危安、網路攻擊，擬定各項防護及應變作為，藉實際運作及演訓結果，不斷檢討改進。

（二）實施風險管理，落實持續營運目標

要求各機關定期盤點資產，鑑識衝擊弱點與威脅，擬定改善及應變防護措施，以排除潛在衝擊，降低災損範圍。

（三）辦理演練，驗證及強化應變措施

1. 金華演習：針對跨部會之複合式災難進行演練，辦理學術研討會、講習、桌上推演、兵棋推演、實兵演練。
2. 辦理聯安專案演訓：每年結合國防部、內政部警政署、海洋委員會之特勤隊辦理聯安專案演訓，針對特定狀況以實槍實彈進行聯合操演，加強反恐作戰能力。
3. 辦理關鍵基礎設施演習：自2015年開始，每年辦理5場次以全災害風險為想定之指定演練，及5場次至10場次自行演練之訪評，驗證安全防護

機制及應變處置程序，厚植防災韌力。

三、應變——修訂行動準則，確立應變架構

（一）整合「國土安全應變網」

整合國內反恐怖行動、災害防救、全民防衛動員、核子事故、傳染病疫病、毒災應變、國境管理及資通安全等機制，以建立專業分工、協同合作之「國土安全應變網」。

（二）精進通報與應變機制

修訂「國土安全應變機制行動綱要」及「國土安全緊急通報作業規定」，要求各相關部會擬定應變計畫，平時即組織幕僚小組執行風險評估及演練，並與國安單位密切配合。如遇有恐怖事件則依行動綱要，由負責部會召開先期應變小組或二級應變中心並擔任指揮，另納入國安單位、行政部門及地方政府共同處理聯合因應。情勢擴大時，則成立一級應變中心，由本院副院長擔任指揮官。

（三）優化特勤部隊執行反恐任務

訂定「聯安專案指導綱要」，建立各反恐特勤部隊間資源共享、觀摩學習、聯合演訓、協同作戰及指管、通聯系統等相關運作機制。

四、復原——提升核心業務持續營運能力

督導關鍵基礎設施主管機關依據風險與威脅，統籌有限資源，採取最有效益之資源分配，作為進行關鍵基礎設施安全防護、緊急應變及復原財產之整備依據，以維持政府基本功能的持續運作，減緩關鍵基礎設施營運中斷之影響，進而強化國土安全與國家安全，保障重要設施、設備和資產，以及人民生命財產與福祉。

關鍵基礎設施之講習與演練均以提升持續營運能力為主題進行規劃，

在審核關鍵基礎設施防護計畫時，均要求依據風險與威脅，完善備援機制，有效分配資源，確保持續營運。

另依據國土安全緊急通報作業第肆點規定，有關涉及國土安全需進行即刻通報的項目如下：

一、恐怖活動相關事件或預警訊息。

二、重大人爲危安事件或預警訊息，且涉及下列情形者：

（一）疑似恐怖活動手段，且與下列要件相關者：1.特定設施、地點；2.與特定身分相關者；3.嚴重影響公眾安全者。

※特定設施、地點

交通設施、經建設施、國家關鍵基礎設施、海事、其他地點（特種勤務安全維護對象之寓所籍所在地、總統府周邊禁制區、各國駐華使領館、代表機構、國際組織駐華機構、政府機關、指標性建築物及人潮聚集場所、毒性或危險化學物質運作場所）。

※特定身分

特種勤務安全維護對象、政府機關首長、駐華使節、中央民意代表、經列管有從事恐怖活動之虞者。

（二）治安事件：1.集會、遊行、陳情、請願等群眾活動，而非法侵入、占據官署或關鍵基礎設施，致生毀損物品或阻斷其運作功能事件；2.以言論、文字或圖畫恐嚇公眾將採恐怖活動手段危害公共安全者；3.政府機關械彈或重要裝備，遭受竊盜、破壞、交付或遺失，有嚴重損害或引起社會恐慌之重大事件。

（三）國境事件：入、出、過境查獲經列管之涉恐人士及其同行者。

（四）境外事件：境外發生或疑似發生恐怖活動而與本國人民相關聯者。

（五）其他：1.發生對社會有重大影響或具新聞性之重大人爲危安事件（不以恐怖活動手段爲必要）且涉及下列條件等相關事件：(1)特定施設、地點；(2)與特定身分相關聯；(3)嚴重影響公眾安全；2.涉各通報機關職掌之重大事件或預警訊息，經機關長官認有陳報必要者；3.上級長官指示應通報之事件。

三、影響關鍵基礎設施核心功能營運相關事件：

（一）設施核心功能受損或失效。

（二）涉各通報機關職掌之重大事件或預警訊息，經機關長官認有陳報必要者。

（三）上級長官指示應通報之事件。

第三節　我國災害防救簡介

由於涉及國土安全事項並非全然只有反恐事件，加上近年來自然界之力量造成國內不少災害發生，對人民生命財產形成莫大衝擊，從而喚醒大眾對維護自然、善用環境及保護地球的警覺。而2009年莫拉克風災後，給予國人更大的啓示。災害，依災害防救法第2條第1款第1目及第2目規定，包括：「風災、水災、震災（含土壤液化）、旱災、寒害、土石流及大規模崩塌災害、火山災害等天然災害。」「火災、爆炸、公用氣體與油料管線、輸電線路災害、礦災、空難、海難、陸上交通事故、森林火災、毒性及關注化學物質災害、生物病原災害、動植物疫災、輻射災害、工業管線災害、懸浮微粒物質災害等災害。」一旦發生類此事件，對人民之殺傷力極大，不可不慎。而行政院爲推動災害防救工作政策與協調各部會單位，特於院本部設置「災害防救辦公室」，以有效協調整合防救災工作，提升防救災效能。

一、災害防救辦公室之沿革

（一）**現今法令依據**：依災害防救法第7條第2項規定：「爲執行中央災害防救會報核定之災害防救政策，推動重大災害防救任務及措施，行政院設中央災害防救委員會，置主任委員一人，由行政院副院長兼任，並設行政院災害防救辦公室，置專職人員，處理有關業務。」

（二）**背景**：2010年2月1日成立任務編組專責單位之「災害防救辦公室」。成立之初，係屬行政院常設任務編組單位（2010年2月1日至

2011年12月31日），而後因災害防救相形重要，並配合行政院院本部組織再造，於2012年1月1日於行政院院本部納入正式編制單位，依據處務規程第7條第13款規定，行政院設災害防救辦公室，分四科辦事。現行編制25人，置主任1人，負責指揮、監督所屬人員，並置副主任1人。現分四科辦事，包括：減災復原科、整備訓練科、應變資通科與管考協調科。

二、任務

處務規程第19條規定，災害防救辦公室掌理事項如下：

（一）災害防救政策與措施之研擬、重大災害防救任務及措施之推動。
（二）中央災害防救會報及中央災害防救委員會決議事項之督導。
（三）災害防救基本方針及災害防救基本計畫之研擬。
（四）災害防救業務計畫及地區災害防救計畫之初審。
（五）災害防救相關法規訂修之建議。
（六）災害預警、監測及通報系統之協助督導。
（七）災害整備、教育、訓練及宣導之協助督導。
（八）緊急應變體系之規劃。
（九）災後調查及復原之協助督導。
（十）其他有關災害防救之業務督導事項。

三、業務推動

災害管理涉及多部門的協調整合，包含各種災害之預防、減災、整備、應變及復原重建等層面，以避免或降低天然災害損失，減少其對社會造成的衝擊。未來相關的業務推動如下。

（一）減災規劃

策定災害防救基本方針與基本計畫引導施政，制定災害防救白皮書以揭示施政優先課題，審議災害防救業務計畫，並對地區災害防救計畫提出建議與評估，制定總體防災政策，落實離災避難之施政理念，並協助督導各級政府強化防災機制。

（二）整備訓練

協助督導各級政府對防救災人員之培訓，推動全國大規模複合型災防演習與業務訪評作業，加強中央與地方災防單位之聯繫協調整合，促使中央與地方更密切結合，以提升救災能力與效率。

（三）應變動員

協助推動重大災害防救任務及措施、規劃緊急應變體系，研擬整體應變方針，並於災時進駐中央災害應變中心擔任指揮幕僚，掌握各項災害通報機制，協調救災應變作業，促進中央單位各部會及地方政府間之溝通、災害預警與災情通報之傳遞等，以提升災害發生時的應變效率。

（四）調查復原

配合規劃及督導災後調查與復原策略，協助各部會規劃復原重建之標準作業流程，掌握災害損失統計情資，期能提升重建效率，使民眾迅速恢復生活常軌。

四、我國整體災害防救體系現況

上開災害防救主要以行政院爲主體，由於災害發生地常在各地方政府所轄，爰視發生地之不同而應有不同主管機關之必要性考量。依災害防救法第2條第3款規定，災害防救計畫係指災害防救基本計畫、災害防救業務計畫及地區災害防救計畫。亦即，災害發生地不同，其負責之機關有中央（內政部）、直轄市政府及縣（市）政府等三個層級。各級政府依據其行政層級，分設防災會報、防災應變中心與緊急應變小組等單位（詹中原等著，2019：284-290）。

（一）防災會報

依災害防救法第6條至第11條規定，可分中央（行政院）、直轄市政府及縣（市）政府、鄉（鎮、市）公所共三級防災會報。

（二）防災應變中心

依災害防救法第12條第1項規定，為預防災害或有效推行災害應變措施，當災害發生或有發生之虞時，直轄市、縣（市）政府及鄉（鎮、市）、山地原住民區公所首長應視災害規模成立災害應變中心，並擔任指揮官。另同法第13條規定，重大災害發生或有發生之虞時，中央災害防救業務主管機關首長應視災害之規模、性質、災情、影響層面及緊急應變措施等狀況，決定中央災害應變中心開設時機及其分級，應於成立後，立即報告中央災害防救會報召集人，並由召集人指定指揮官。中央災害應變中心得視災情研判情況或聯繫需要，於地方災害應變中心或適當地點成立前進協調所，整合救災資源，協助地方政府執行救災事宜。

（三）緊急應變小組

依災害防救法第14條規定，災害發生或有發生之虞時，為處理災害防救事宜或配合各級災害應變中心執行災害應變措施，災害防救業務計畫及地區災害防救計畫指定之機關、單位或公共事業，應設緊急應變小組，執行各項應變措施。

另外，災害防救法亦針對「災害預防時期」（第22條、第23條）、「災害應變時期」（第27條、第31條）及「災害復原重建時期」（第37條）等應實施事項定有明文。

第四節　其他涉及國土安全（含執法）事項之機關

涉及國土安全的機關實際上很多，行政院所屬29個部會及其轄下三級、四級機關幾乎都脫離不了關係，其業務或多或少與國土安全有涉，但因篇幅有限，無法加以全部敘明，爰針對重要機關，除與國土安全相關外，因談論國土安全很難跳脫「國境執法」之範疇，故將國土安全與國境執法結合。

一、國家安全會議

國家安全會議，是中華民國主理國家安全的專責機構，直屬於總統，1991年5月1日總統令公布廢止動員戡亂時期臨時條款，並制定中華民國憲法增修條文，其中第9條（1997年修憲改列為第2條第4項）規定：「總統為決定國家安全有關大政方針，得設國家安全會議及所屬國家安全局，其組織以法律定之。」據此，動員戡亂時期終止後，國家安全會議依憲法繼續設置。1993年12月30日，立法院三讀通過「國家安全會議組織法」，總統於同日公布該法，國家安全會議完成法制化。另於2003年6月5日修正及同月25日公布的「國家安全會議組織法」，下轄國家安全局。

依據該組織法第2條規定，國家安全會議，為總統決定國家安全有關之大政方針之諮詢機關。所稱國家安全，係指國防、外交、兩岸關係及國家重大變故之相關事項。同法第5條規定，總統得視需要召開國家安全會議，以聽取與會人員之意見；會議之決議作為總統決策之參考。

二、國家安全局

國家安全局可說是目前國內掌握及蒐集安全情資、技術、分析、決策、人員及經費等之最高指導機關。依據國家安全局組織法第2條第1項規定，國家安全局隸屬於國家安全會議，綜理國家安全情報工作與特種勤務之策劃及執行；並對國防部政治作戰局、國防部軍事情報局、國防部電訊發展室、國防部軍事安全總隊、國防部憲兵指揮部、海洋委員會海巡署、內政部警政署、內政部移民署、法務部調查局等機關（構）所主管之有關國家安全情報事項，負統合指導、協調、支援之責。

另同條第3項規定，國家安全局掌理下列事項：（一）臺灣地區安全、大陸地區及國際情報工作；（二）國家戰略情報研析；（三）科技情報工作；（四）統籌政府機關密碼政策及其裝備研製、鑑測、密碼保密等；（五）國家安全情報工作督察業務；（六）協同有關機關辦理總統、副總統與其配偶及一親等直系血親；卸任總統、副總統；總統、副總統候選人及其配偶；總統、副總統當選人與其配偶及一親等直系血親；以及其他經總統核定人員之安全維護；（七）其他有關國家安全情報及特種勤務事項。

三、警政署

警政署因轄下約有7萬大軍，負責勤務包山包海，幾乎任何地方、任何時間皆有其芳蹤。因機關太多，無法一一詳列，爰列舉與國境執法及安全有直接相關者說明之。

（一）航空警察局

1. 組織編制

本局隸屬於內政部警政署，在執行民用航空業務時，受交通部民用航空局之指揮監督。本局置局長1名、副局長2名、主任秘書1名，下設行政、國際、航空保安、後勤、督訓、保防6個科，人事、主計2個室及勤務指揮中心。

另設刑事警察、保安警察、安全檢查3個直屬大隊，分別於臺北松山機場、高雄國際機場各設分局；在臺中清泉崗機場、嘉義水上機場、臺南機場、澎湖馬公機場、臺東豐年機場、綠島機場、馬祖南竿機場、花蓮機場、金門尚義機場各設分駐所；澎湖七美機場、望安機場、馬祖北竿機場、蘭嶼機場、恆春機場各設派出所，分別執行各機場警衛安全、犯罪偵防、安全檢查等勤務。

2. 掌理事項

依內政部警政署航空警察局組織規程第2條規定，本局掌理下列事項：

(1) 民用航空事業設施之防護。

(2) 機場民用航空器之安全防護。
(3) 機場區域之犯罪偵防、安全秩序維護及管制。
(4) 機場涉外治安案件及其他外事處理。
(5) 搭乘國內外民用航空器旅客、機員及其攜帶物件之安全檢查。
(6) 國內外民用航空器及其載運貨物之安全檢查。
(7) 機場區域緊急事故或災害防救之協助。
(8) 執行及監督航空站民用航空保安事宜，防制非法干擾行為事件及民用航空法令之其他協助執行。
(9) 其他依有關法令應執行事項。

（二）保安警察第三總隊

以專業正直的警察作為，高效率偵防非法從事進出口犯罪，維護良好經濟秩序，保護國家安全。

1. 任務

(1)防止危害國家安全物品入境；(2)防範國內一切不法物品出境；(3)查緝走私與其他不法。

2. 價值

(1)保護國家安全；(2)維護經濟秩序；(3)正直專業服務。

3. 策略

(1)建立正直、廉能的組織文化；(2)精實教育訓練，提升競爭力；(3)強化反恐作為，保護國家安全；(4)嚴密組織控管，維護優良風紀；(5)加強團隊互動，鞏固內部團結。

（三）基隆港務警察總隊

1. 任務

基隆港為臺灣北部主要國際港口，集軍、商、漁港於一處，地位極為重要，職司港區治安維護，本促進國際貿易航業發展之基礎，依據警察法令，執行查緝走私、偷渡等工作，並以順應全球化趨勢，講求主動管理的思維，預先從戰略（防制威脅於國境外）、戰術（拒止威脅於國境上）、技術（消弭威脅於國境內）等三個層次，妥善規劃常態性的國境安全應變機制，杜絕一切不法活動，確保國境安全。

2. 轄區

(1) 基隆港：緊鄰基隆市區，東、西、南三面環山，為一港口向西北開敞之天然商港。港區東、西兩岸，水域面積約412.7公頃，陸地面積約195.7公頃，環港船席（港區碼頭總長度）9,000公尺，港區碼頭56座。

(2) 蘇澳港：位於宜蘭縣蘇澳鎮，北、西、南三面環山，東臨太平洋，北距基隆港50浬，為一天然形勢優良之港灣，水域面積278.55萬平方公尺，陸地面積127.08萬平方公尺，環港船席2,610公尺，港區碼頭13座。

(3) 臺北港：位於新北市八里區，北鄰淡水河、西面臺灣海峽、南接桃園，緊鄰大臺北都會區及北部工業帶，腹地約是基隆港的4倍，水域面積約2,632公頃，陸地面積約459公頃，目前港區碼頭27座（營運碼頭22座；港勤碼頭2座；海巡碼頭3座）。

(4) 福澳港：馬祖列島位處臺灣海峽西北西方，距基隆港120浬，濱臨福建閩江口外，距福州馬尾港35浬，北茭半島之黃岐港僅8浬。福澳港位於馬祖南竿島，2010年1月1日福澳中隊正式進駐福澳港。

3. 特性

(1) 基隆港為北部天然良港，每遇颱風來襲時，在臺灣外海作業之香港、大陸、日、韓等籍漁船蜂擁進港避風，常達300、400餘艘，造成航道壅塞，對港區安全及秩序影響至鉅。

(2) 基隆港區每日活動人口包括船員、航商、理貨員、貨運業者及有關港埠作業人員等，各碼頭人、車進出頻繁。商港內劃設有自由貿易港區，目前已有陽明基隆貨櫃儲運場、聯興通運及台基物流等廠商進駐營運。

(3) 基隆港東防波堤為臺灣北部地區最佳海釣場，每年東北季風來臨時，常有「瘋狗浪」出現，易造成危險，為防止意外發生，列為加強管制重點區域。

(4) 蘇澳港為基隆港輔助港，進出口以水泥、純對二甲苯酸、硫酸鉀為大宗，其作業方式以船邊提貨（或裝貨）方式為主；北宜高速公路通車後，使蘇澳港港埠腹地擴展至大臺北地區，吸引廠商至「宜蘭科學園區」及「利澤」、「龍德」兩大工業區設廠，更發揮蘇澳港之功能。

(5) 臺北港亦為基隆港輔助港，提供北部地區大宗散貨進口管道、貨櫃轉運中心、國際物流中心，現有東立物流公司、台塑石化等廠商進駐；未來將規劃興建離岸物流倉儲區、海岸親水遊憩區及海洋遊樂船停泊區等港埠多元化開發設計，帶動區域繁榮。

(6) 馬祖早期實施戰地政務，一般基礎建設較為落後，客貨吞吐有限，隨戰地政務之解除，政府積極推動各項公共建設，各島碼頭興建亦逐漸改善，尤以福澳港埠擴建工程完成後，當可有效因應臺馬間客貨運量以及各離島航運，觀光旅遊以及兩岸通航之需。

（四）臺中港務警察總隊

臺中港陸域面積達2,904公頃，是國內各國際商港中，擁有最廣大也最完整的可出租土地，同時也是距離大陸最近之國際港口。港區內廠商林立，聯外交通便捷，貨物裝卸量及出入境旅客人數皆十分可觀，近年已成為國際航運及兩岸直航重要樞紐之一。臺中港務警察總隊負責執行國境大門守護工作，除嚴密港口查驗管制，打擊港區不法危害外，並積極推行各項為民服務工作。隨著經濟自由化、港埠國際化的開放趨勢，跨國犯罪與非傳統性的安全威脅與日俱增。臺中港務警察總隊除配合國家經濟發展，並積極推動簡化人、車、貨檢查作業流程（RFID自動化門哨通關系統），建構完善港區查驗管理機制，並期能科學化落實港區管制工作、形塑港務警察專業形象，以高效率警察團隊，全力打擊港區犯罪問題，防制走私、偷渡及排除不利投資發展之障礙，維護港區治安交通、確保國境安全。

四、移民署

依內政部移民署組織法第1條規定，內政部為統籌入出國（境）管理，規範移民事務，落實移民輔導，保障移民人權，防制人口販運等業務，特設移民署。如同警政署，移民署業務眾多，其中與國境安全有關單位為國境事務大隊，依內政部移民署處務規程第14條規定，掌理事項如下：（一）入出國證照之查驗、鑑識及許可；（二）國境線入出國安全管制及面談之執行；（三）國境線證照核發及生物特徵資料之建檔；（四）國境線違反入出國及移民相關法規之調查、過境監護、逮捕、暫予收容、移送及遣送戒護；（五）證照鑑識及查驗之教育訓練；（六）其他有關國境事項。

五、財政部關務署

※關務署

分為基隆、臺北、臺中、高雄等四個關務署。

海關創始成立於清朝咸豐4年（1854年），原名「海關總稅務司署」，民國成立以後，其組織制度一直沿襲下來，直到「財政部關稅總局組織條例」經立法院三讀通過，總統於1991年2月1日明令公布後，正式改名為「財政部關稅總局」，並於2013年1月1日配合行政院組織改造，與財政部關政司整併成立財政部關務署。

海關早期除徵收關稅外，並引進西方的新觀念與新制度，參與中國許多自強運動，諸如籌建海軍、港務、郵政、助航設備、氣象、教育、外交等。其中港務（原隸屬海關海務部門，惟遷臺後不再管轄港務）、郵政曾由海關代辦，後來港務局、郵政總局成立，始分別移交其接管。

關務署為我國關務政策規劃、推動、督導及關務法規擬定之機關，隸屬財政部，掌理關稅稽徵、查緝走私、保稅、貿易統計及接受其他機關委託代徵稅費、執行管制。近年來並不斷積極實施各項業務改進措施，如：進、出口貨物通關自動化、關港貿單一窗口服務、入境旅客紅綠線通關等作業、優質企業認證與管理機制、跨機關簽審會辦電子化作業、貨物風控系統與電子封條、成立緝毒犬培訓中心等，提供便捷及安全的優質通關環境，並以「精進通關作業、提升便捷效能」為願景，發揮邊境守護者角色，以促進國家經濟發展。

※海關紅綠線通關

海關爲兼顧旅客通關效率及行李檢查業務，採紅線（應申報／通關諮詢）檯與綠線（免申報）檯通關方式，說明如下圖。

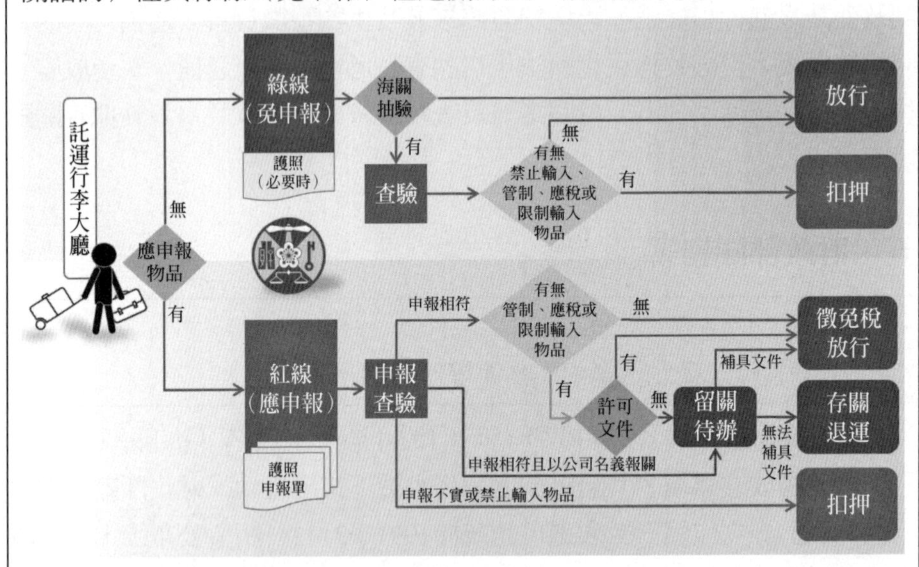

（一）紅線（應申報／通關諮詢）

1. 旅客如有應申報物品，請於領取託運行李後，擇由海關紅線（應申報／通關諮詢）檯通關，填寫中華民國海關申報單（下稱申報單）向海關申報，以免違規受罰。
2. 禁止攜帶及其他應申報物品規定，詳參「禁止攜帶」、「免稅及應稅」、「菸酒」、「洗錢防制」、「藥物及醫療器材」、「化粧品」、「環境用藥」、「動物用藥」、「農畜水產及食品」、「寵物通關」、「機組員通關」篇。
3. 旅客如有通關疑義時，請主動至海關紅線（應申報／通關諮詢）洽詢，以免違規受罰。

（二）綠線（免申報）

1. 如無應申報事項者，得免填申報單逕由海關綠線（免申報）檯通關。
2. 擇由綠線通關之旅客，均視爲未攜帶任何應申報物品。

（三）行李檢查

1. 海關得就入境旅客行李物品及在場關係人施行檢查，查獲有「申報不實」或「未申報」之違規物品者，將逕依海關緝私條例或相關規定辦理。
2. 切勿替他人攜帶物品，若經海關查獲持有違規物品，持有之旅客必須爲這些物品負責。
3. 請與同行家屬一併通關或接受檢查，以避免個人超帶困擾。
4. 經海關指定檢查之旅客，依規定請自行搬運、打開行李供海關檢查，並在檢查完後收拾行李；如有特殊需求，請提醒海關予以協助。

六、海洋委員會

海洋委員會2018年4月28日於高雄市成立，主要爲統合海洋事務與海洋政策之規劃及推動落實。海洋委員會是第一個設立於南部地區的中央二級機關，緊臨高雄港，象徵政府以海洋思維出發，全力投入海洋發展的堅毅決心。下轄海巡署、海洋保育署及國家海洋研究院，將秉持永續共好的精神，藉由公私協力，導入民間豐沛資源，致力推動海洋事務健全發展，將臺灣打造成爲一個「生態永續、海域安全、產業繁榮」的海洋國家。

※海巡署

海岸巡防爲國家安全的根本，政府爲統一海岸巡防事權及有效管理海域，於2000年1月28日，納編原國防部海岸巡防司令部、內政部警政署水上警察局及財政部關稅總局緝私艦艇等任務執行機關，成立部會層級的海域執法專責機關「行政院海岸巡防署」，確立岸海合一之執法機制，一方面致力於維護國家的海洋權益、保障人民的生命財產，二方面注重執法的妥當性，在執法的過程中，兼顧公平、適當、澈底等原則，積極朝向海洋發展，開創我國海域及海岸巡防之新紀元。配合行政院組織調整於2018年4月28日成立海洋委員會，「行政院海岸巡防署」改隸爲「海洋委員會海巡署」，持續執行海域及海岸巡防執法工作。

（一）職掌

1. 海岸管制區之管制及安全維護。
2. 入出港船舶或其他運輸工具之安全檢查。
3. 海域、海岸、河口與非通商口岸之查緝走私、防止非法入出國、執行通商口岸人員之安全檢查及其他犯罪調查。
4. 海域及海岸巡防涉外事務之協調、調查及處理。
5. 走私情報之蒐集、滲透與安全情報之調查及處理。
6. 海洋環境之保護及保育。
7. 執行事項：

(1) 海上交通秩序之管制及維護。

(2) 海上救難、海洋災害救護及海上糾紛之處理。

(3) 漁業巡護及漁業資源之維護。

8. 其他有關海岸巡防之事項。

有關海域及海岸巡防國家安全情報部分，應受國家安全局之指導、協調及支援。

（二）執法範圍

依海岸巡防法第2條規定，海巡署執法範圍包括臺灣地區之海水低潮線以迄高潮線起算500公尺以內之岸際地區與近海沙洲，及中華民國領海及鄰接區法、中華民國專屬經濟海域及大陸礁層法規定之領海、鄰接區、專屬經濟海域、大陸礁層上覆水域及其他依法令、條約，協定或國際法規定得行使管轄權之水域。各區域說明如下：

1. 岸際至專屬經濟海域

(1) 岸際執法區域：海水低潮線以迄高潮線起算500公尺以內之岸際地區與近海沙洲。

(2) 領海：自領海基線起至其外側12浬間之海域。

(3) 鄰接區：鄰接領海外側至距離領海基線24浬間之海域。

(4) 專屬經濟海域：鄰接領海外側至距離領海基線200浬間之海域。

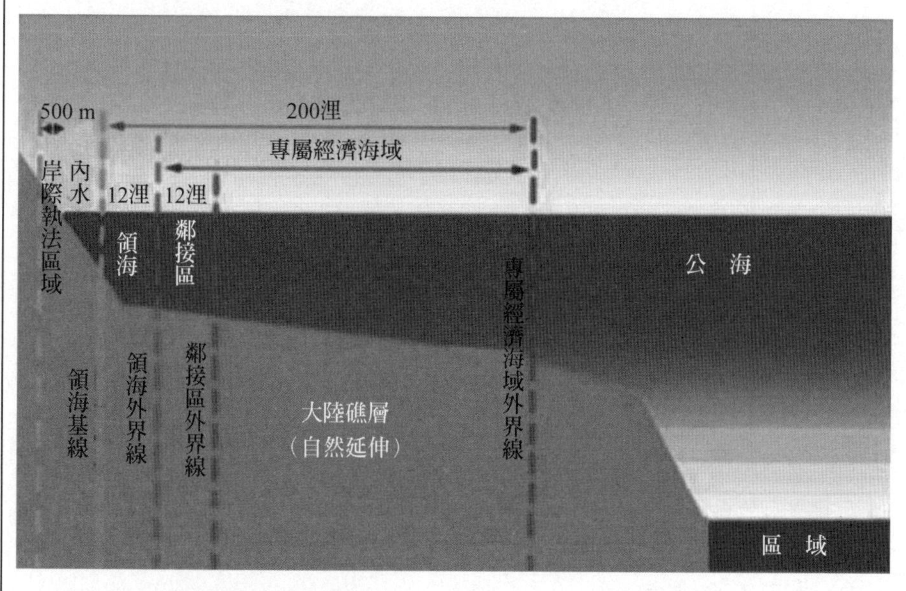

2. 中華民國護漁範圍示意圖

我國專屬經濟海域與周邊國家重疊，政府爲維護漁民權益，於2003年11月7日核定「中華民國第一批專屬經濟海域暫定執法線」作爲海域執法依據；因應臺日簽署漁業協議及政府調整臺菲海域護漁範圍等情勢，行政院農業委員會（現農業部）於2014年11月20日修正公布「政府護漁標準作業程序」及護漁範圍示意圖。

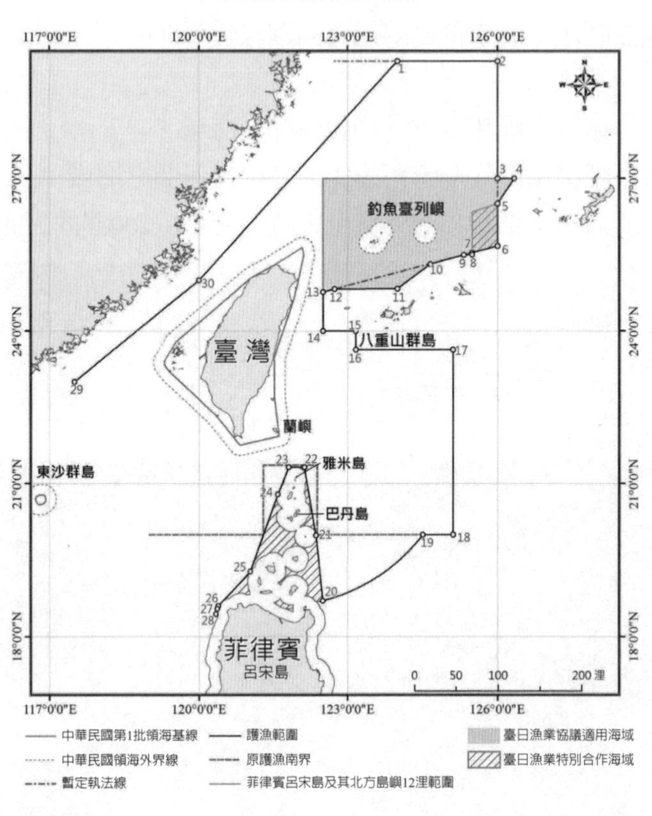

（三）港口安全檢查

1. 我國在港口實施安全檢查制度已行之有年，鑑於法治漸趨完善、民眾依法行政觀念高漲、社會環境變遷等因素，海巡署衡量「國家安全」、「人權法治」及「依法行政」等面向，以「服務、協助、關懷、照顧」精神，替代「限制、禁止」做法訂定相關安檢作業程序，期達「便民與安全」之雙贏目標。
2. 配合漁港安檢快速通關，海巡署安檢單位對於船舶進出港勤務執行方式區分如下：

(1) 目視航行：法令未明定受檢之船筏，在無違法之虞，且無申報需求下，以慢速航行方式通過執檢區，巡防人員不發動檢查，採目視方式讓其直接進出漁港。

(2) 申報服務：民眾基於漁業補助、保險及身分資格認定等權益需求，須海巡署提供紀錄者，於主動泊靠執檢區，向巡防人員提出申報，由巡防人員實施資料登記。

(3) 發動檢查：巡防人員對於進出漁港之對象，認有違法之虞或法令明定應受檢者，依法實施檢查。

3. 爲確保快速通關順利推動，各安檢所均會因地制宜採取相關配套措施，請船筏配合當地安檢所配套做法，另進出港時船編船名清楚不遮蔽，通過執檢碼頭慢速航行、船員靠於船邊，進港後配合監卸，以便享有快速通關之便捷。

（四）海岸管制區域

1. 海岸管制區

海岸管制區是依據國家安全法第6條及海岸巡防法第2條之規定，由國防部會同內政部、海洋委員會根據海防實際需要，就臺灣地區海岸之海水低潮線以迄高潮線起算500公尺以內岸際地區及近海沙洲劃定公告之地區，其劃設目的旨在確保海防安全，管制區之種類可區分爲下列兩種：

(1) 經常管制區：爲確保海防安全，24小時管制，未經權責單位核可不得入出之海岸地區。

(2) 特定管制區：每日上午6時至下午19時，開放供人民從事觀光、旅遊、岸釣及其他正當娛樂等活動之海岸地區。

2. 辦理機關

(1) 主管機關：依國家安全法第6條及海岸巡防法第2條第4項規定，海岸管制區之主管機關爲國防部。

(2) 管制機關：依海岸巡防法第3條第1項規定，海巡署執行海岸管制區之管制及安全維護事項。

(3) 調整與變更：海岸管制區之調整、變更由地方政府或有關機關向所在地海巡署各地區分署提出申請，經協調作戰區司令部實施現地會勘後，由海巡署會同國防部及內政部實施複勘，依有關規定辦理調整並公告。

七、衛生福利部

以疾病管制署——北區管制中心爲例，其檢疫業務爲：

（一）國際港埠航空器、船舶檢疫措施及工作人員（含船員）、旅客等港埠傳染病衛教宣導事項。

（二）辦理各項檢疫規費徵收、檢疫憑證簽發事項及國際預防接種暨簽發國際預防接種證明書與疫苗儲存管理事項。

（三）國際港埠港區衛生管理與管制作業暨入出境屍體查驗、簽證事項；及感染性生物材料輸出入申請審查行政作業。

（四）國際港埠衛生安全小組運作及相關業務協調事項。

其防疫業務爲：

（一）督導轄區地方衛生機關辦理傳染病防治、防疫物資管理及衛教宣導事項。

（二）輔導轄區地方衛生機關執行傳染病疫情之監測、蒐集、調查及報告事項。

（三）轄區定點監視系統及傳染病通報系統資料之蒐集、調查、聯繫、採檢、送驗及處理事項。

（四）處理轄區疫病突發流行之應變及處理事項。

（五）轄管區域：桃園市、新竹市、新竹縣、苗栗縣。

※檢疫（Quarantine）

國際間的檢疫大概可分爲海港、空港、邊境三種。所有從國外來的船舶、航空器、人員及物品都必須經過檢疫，且船舶、航空器都必須向港口或機場檢疫單位報告全體船（機）員和旅客之健康狀況，如果無傳染病之虞，船舶或航空器就能進入碼頭或機場。反之，船舶就得停留在港灣處，並且豎立黃旗直到檢疫期完成爲止，如果船舶或航空器有隱瞞疾病的情形，將會受到十分嚴重的處罰。

空港檢疫和海港檢疫不同，由於航空器速度較快且入境方式不同，其旅客是被允許先到他們的目的地，但衛生檢疫人員會一直追蹤他們，直到確定他們未感染任何傳染病爲止。

我國之檢疫措施，係參考世界衛生組織「國際衛生條例」之立法目的與精神，確立檢疫之原則為「對國際運輸交通作最低限度之干預，進行防制國際重要傳染病之散播，以達成最高的安全性」，並依據「傳染病防治法」、「港埠檢疫規則」及「進口水產品物之檢疫規定」等，執行進出我國國際港埠之船舶、航空器、旅客及水產品物之檢疫工作。

為維持國民健康，防範國際檢疫傳染病之傳入，政府原在臺灣地區各主要港口、機場設有檢疫所，嗣後鑑於交通日益發達，國際間往來頻繁，除應加強國境把關檢疫外，建立嚴密疫情監視系統亦為當務之急，乃於1989年7月1日將所有檢疫所合併成立行政院衛生署（現由衛生福利部疾病管制署負責）檢疫總所，除保留各國際港埠原有之檢疫單位外，另於中部、南部各設疫病監視中心，統轄所有國際檢疫及國內疫情監視工作。

根據世界衛生組織規定，目前國際檢疫傳染病為霍亂、鼠疫、黃熱病等三種。疫區之認定乃依該組織宣布之國家、地區，適時予以公告。由於國際間交通日益頻繁，各種國際檢疫傳染病隨船舶、航空器、人員及物品而傳入國內之可能性日形增加。因此，對於入境之船舶、航空器、人員及水產品物等，均應加強實施檢疫措施，以杜絕疫病之侵入。

八、法規

（一）**整體性法令**：入出國及移民法、海岸巡防法、海岸管理法（內政部主管）、海洋基本法（第7條國家安全、海域治安、海事安全；第8條海洋汙染防治對策）。

（二）**走私**：懲治走私條例、海關緝私條例。

（三）**稅務**：關稅法。

（四）**動植物**：植物防疫檢疫法、動物傳染病防治條例。

（五）**傳染病**：傳染病防治法、嚴重特殊傳染性肺炎防治及紓困振興特別條例。

第三篇

法　令*

* 有關涉及國土安全或國境執法之法令，如入出國及移民法、臺灣地區與大陸地區人民條例等法令，可參考拙著，移民法規，2024年3版，元照出版。

第五章
國家安全法

國家安全法係於1987年7月1日制定，原名稱爲「動員戡亂時期國家安全法」，於1992年7月29日修正時，配合1991年5月1日動員戡亂時期宣告終止，爰刪去名稱與首條中之「動員戡亂時期」等字，並增訂第3條第2項但書，「關於妨害國家安全或社會安定重大嫌疑者不予入出境申請許可之例外」規定，以及增訂海岸巡防機關於必要時得依職權對人員、物品及運輸工具實施檢查。另爲有效防制走私、偷渡，並使協助檢查適法有據，增訂第4條第2項執行安全檢查機關於必要時，得報請行政院指定國防部命令所屬單位協助檢查。因有其時代背景與需要，期間經過6次修正；最近一次修正爲2022年6月8日（施行日期略有不同；全條文最終於2023年12月5日施行）。以下針對相關條文內容之規定略微說明。

第一條
為確保國家安全，維護社會安定，特制定本法。

理由

本法之主旨及目的，在於「確保國家安全，維護社會安定」兩大項。

第二條
任何人不得為外國、大陸地區、香港、澳門、境外敵對勢力或其所設立或實質控制之各類組織、機構、團體或其派遣之人為下列行為：
一、發起、資助、主持、操縱、指揮或發展組織。

二、洩漏、交付或傳遞關於公務上應秘密之文書、圖畫、影像、消息、物品或電磁紀錄。
三、刺探或收集關於公務上應秘密之文書、圖畫、影像、消息、物品或電磁紀錄。

一、理由

（一）原條文規範之行爲對象僅爲外國或大陸地區，境外政治實體或組織無從適用，爰參考中華民國刑法（下稱刑法）第115條之1規定體例，增列「香港、澳門、境外敵對勢力」，明示本條規範含境外政治實體或組織，以資明確。
（二）參酌規範組織活動之組織犯罪防制條例，增訂行爲態樣包括「發起、資助、主持、操縱、指揮」組織，以資明確，爰訂爲第1款。
（三）刑法、陸海空軍刑法、國家機密保護法、國家情報工作法等有關洩密行爲之刑罰規定，其構成要件行爲均規定爲「洩漏或交付」，實務與學說均認「洩漏」係使不知其秘密之人知悉之義，原規定爲「傳遞」，其解釋與「洩漏」是否一致未臻明確，爲避免法律解釋疑義，爰增列「洩漏」之行爲態樣，與「交付或傳遞」併列爲第2款。
（四）現行法令對於違法獲取資訊構成犯罪者，使用「收集」，如刑法第111條第1項、陸海空軍刑法第22條第1項及第2項、國家情報工作法第30條第2項、國家機密保護法第34條第1項及第2項規定。
（五）本條係規範違法取得資訊，爰將原「蒐集」修正爲「收集」，與「刺探」併列爲第3款。

二、2022年5月20日修正理由

（一）條次變更。
（二）爲周延規範行爲主體及明確處罰範圍，參考反滲透法第2條至第6條之體例，將「人民」修正爲「任何人」，並就行為人裨益外國、大陸地區、香港、澳門、境外敵對勢力之對象增加「其所設立或實質控制之各類組織、機構、團體」，以期周延並符合法律明確性原則之要求，爰修正序文規定。

（三）序文「其派遣之人」之「其」包括「外國、大陸地區、香港、澳門、境外敵對勢力」派遣之人，及「外國、大陸地區、香港、澳門、境外敵對勢力所設立或實質控制之各類組織、機構、團體」派遣之人，併予敘明。

（四）序文所稱「實質控制」可參考公司法第369條之2、之3等規定，例如公司直接或間接控制他公司之人事、財務或業務經營者等情形。

三、說明

何謂國家安全？依國家安全局之定義，舉凡涉及國家安全體制之運作、國際多邊事務及衝突處理、大陸事務、國防政策、重大財經及影響國家安全之科技研發成果、國際恐怖主義之控制、國家安全情報工作與特種勤務之策劃與執行、攸關國家生存之環境保護、維護國家資訊安全、國際人道援助等，均屬國家安全保障之行爲。[1]說起來很籠統，惟實際上又很眞實。國家，當然最重要的就是「安全問題」，安全不設防，遑論其他。就安全來看，任何事皆可與之掛鉤，食安、國防、災難、環境、資訊等，都與國家安全劃上等號，包括少子化亦同。其差別僅爲對國家安全之影響，是立即性的，或是未來顯現之長期性的而已，論斷人民對其之重視與感受。傳統上的軍事安全，以及現擴及其他之非傳統安全主題，幾已吸引人們的關注。[2]以本條來說，其所規定的重點如下：

（一）**人別主體**：任何人，泛指在臺灣土地上的所有人，不分國籍，包括團體（商業、工業）或組織（貿易、公司），不得從事本條所禁止

1　國家安全局網頁機關簡介項下，https://www.nsb.gov.tw/zh，查閱日期，2024/4/9。

2　有關國家安全概念，另可參考國家安全會議組織法第2條、國家情報工作法第3條第1項第2款及第7條規定。

之行爲。

（二）**客體**：替外國人、大陸地區、港澳或敵對勢力所成立、控制之組織、團體或人員等，要求從事本條禁止之行爲。

（三）**事**：指禁制行爲，包括：1.發起、主持或發展其所交付之任務，亦即利用組織模式從事與破壞國家安全相關事宜；2.將公務上涉及機密之文書、物品、圖影或紀錄等，洩漏給上開客體知悉；3.協助客體，刺探或收集我公務上機密之文書、物品、圖影或紀錄等。

四、問題探討

本條所言，有以下幾點值得深思：

（一）第1款所稱組織，所指爲何？如何分辨？應該是指對我國有破壞事項或犯罪行爲，影響國家利益或安全之組織；若係指稱組織犯罪防制條例所稱之「組織」概念（按公司法第2條第1項所稱之公司，有包含2人以下之公司），應明確律定於條文之中。

（二）國人自行成立之客體，有如本條之行爲，可否處罰？當然，違反組織犯罪防制條例者，回歸適用該條例（第1條後段無「本條未規定者，適用其他有關之法令」）。

（三）國外公司（含組織、團體或人員等）所成立之公司，「假公司、眞蒐集」，是否仍適用「組織」概念？抑或對我國有破壞事項或犯罪行爲，影響國家利益或安全者，皆列入本條適用範疇？

（四）第1款所稱「組織」，其成立目的何在？有從事什麼活動或破壞行爲之發動相佐證？否則，單憑條文文字所言，恐有爭議。

（五）「公務上應秘密……」等文字，應釐清「秘密」是否與國家機密保護法之內容相同，基本上，個人認爲國家機密保護法已有相關規定（如罰則第32條洩漏或交付；第34條刺探或收集），且第2款「傳遞」本爲交付的方式之一，實無須重複規定。

（六）境外敵對勢力，係指對我國不利者皆屬之，包括中國大陸同路人，如北韓、俄羅斯？與中國大陸友好、有關者，很多國家都是？或者是只要有不利我方言論者即屬之？說實在的，對我不利者，除中國大陸外（政治或軍事上），不知還有誰（ISIS或其他恐怖組織）？各國都自顧不暇了，且與世界上國家爲敵數，越少越好。假如是經濟上的，可能世界各國都是敵對勢力（合作與競爭之角力）；該法施行細則也無明確定義，誰來認定？什麼條件下可稱之爲敵對勢力？屆時又是意識形態作祟，認知作戰帽子一扣，什麼都是。

（七）另外，條文有言包括「消息」，「消息一出、萬人攢動」，消息有時是非常不可靠的，且消息如何認定？其實質內容又是代表什麼？事前如何確認？萬一是他人自己說出，並非有意「刺探或收集」，接收者亦是違反本條規定嗎？

（八）最後，本條規定之內容，其罰則相關法律已有規範，僅增加併科罰金規定，實無須重複規定（宣示大於實質），屆時適用法律又會有競合問題與認定上之質疑。

五、罰則

本法第7條：「意圖危害國家安全或社會安定，爲大陸地區違反第二條第一款規定者，處七年以上有期徒刑，得併科新臺幣五千萬元以上一億元以下罰金；爲大陸地區以外違反第二條第一款規定者，處三年以上十年以下有期徒刑，得併科新臺幣三千萬元以下罰金（第1項）。違反第二條第二款規定者，處一年以上七年以下有期徒刑，得併科新臺幣一千萬元以下罰金（第2項）。違反第二條第三款規定者，處六月以上五年以下有期徒刑，得併科新臺幣三百萬元以下罰金（第3項）。第一項至第三項之未遂犯罰之（第4項）。因過失犯第二項之罪者，處一年以下有期徒刑、拘役或新臺幣三十萬元以下罰金（第5項）。犯前五項之罪而自首者，得減輕或免除其刑；因而查獲其他正犯或共犯，或防止國家安全或利益受到重大危害情事者，免除其刑（第6項）。犯第一項至第五項之罪，於偵查中及歷次審判中均自白者，得減輕其刑；因而查獲其他正犯或共犯，或防止國家安全或利益受到重大危害情事者，減輕或免除其刑（第7項）。犯第一項之罪者，其參加之組織所有之財產，除實際合法發還被害人者外，應予沒收（第8項）。犯第一項之罪者，對於參加組織後取得之財產，未能證明合法來源者，亦同（第9項）。」

六、相關法條

（一）**刑法**：第109條（第1項：洩漏或交付關於中華民國國防應秘密之文書、圖畫、消息或物品者，處1年以上7年以下有期徒刑；第2項：洩漏或交付前項之文書、圖畫、消息或物品於外國或其派遣之人者，處3年以上10年以下有期徒刑）、第110條、第111條（第1項：刺探或收集第109條第1項之文書、圖畫、消息或物品者，處5年以下有期徒刑）、第112條至第115條（僞造、變造、毀棄或隱匿可以證明中華民國對於外國所享權利之文書、圖畫或其他證據者，處5年以上12年以下有期徒刑）、第115條之1（本章之罪，亦適用於地域或對象爲大陸地區、香港、澳門、境外敵對勢力或其派遣之人，行爲人違反各條規定者，依各該條規定處斷之）。

（二）**陸海空軍刑法**：第20條（第1項：洩漏或交付關於中華民國軍事上應秘密之文書、圖畫、消息、電磁紀錄或物品者，處3年以上10年以下有期徒刑。戰時犯之者，處無期徒刑或7年以上有期徒刑；第2項：洩漏或交付前項之軍事機密於敵人者，處死刑或無期徒刑）、第21條、第22條（第1項：刺探或收集第20條第1項之軍事機密者，處1年以上7年以下有期徒刑。戰時犯之者，處3年以上10年以下有期徒刑；第2項：爲敵人刺探或收集第20條第1項之軍事機密者，處5年以上12年以下有期徒刑。戰時犯之者，處無期徒刑或7年以上有期徒刑）、第23條（第1項：意圖刺探或收集第20條第1項之軍事機密，未受允准而侵入軍事要塞、堡壘、港口、航空站、軍營、軍用艦船、航空器、械彈廠庫或其他軍事處所、建築物，或留滯其內者，處3年以上10年以下有期徒刑。戰時犯之者，加重其刑至二分之一）。

（三）**國家機密保護法**：第32條（第1項：洩漏或交付經依本法核定之國家機密者，處1年以上7年以下有期徒刑；第2項：洩漏或交付前項之國家機密於外國、大陸地區、香港、澳門、境外敵對勢力或其派遣之人者，處3年以上10年以下有期徒刑）、第33條（第1項：洩漏或交付依第6條規定報請核定國家機密之事項者，處5年以下有期徒刑；第2項：洩漏或交付依第6條規定報請核定國家機密之事項於外國、大陸地區、香港、澳門、境外敵對勢力或其派遣之人者，處1年以上7年以下有期徒刑）、第34條（第1項：刺探或收集經依本法核定之國家機密者，處5年以下有期徒刑；第2項：刺探或收集依第6條規定報請核定國家機密之事項者，處3年以下有期徒刑；第3項：爲外國、大陸地區、香港、澳門、境外敵對勢力或其派遣之人刺探或收集經依本法核定之國家機密或依第6條規定報請核定國家機密之事項者，處1年以上7年以下有期徒刑）。

（四）**國家情報工作法**：第30條（第1項：違法洩漏或交付第8條第1項之資訊者，處7年以上有期徒刑；第2項：違法刺探或收集第8條第1項之資訊者，處3年以上10年以下有期徒刑；第3項：違法毀棄、損壞或隱匿第8條第1項之資訊者，處3年以上7年以下有期徒刑，得併科新臺幣200萬元以下罰金）。

（五）**公司法**：第369條之2（第1項：公司持有他公司有表決權之股份或出資額，超過他公司已發行有表決權之股份總數或資本總額半數者爲控制公司，該他公司爲從屬公司；第2項：除前項外，公司直接或間接控制他公司之人事、財務或業務經營者亦爲控制公司，該他公司爲從屬公司）、第369條之3（有左列情形之一者，推定爲有控制與從屬關係：1.公司與他公司之執行業務股東或董事有半數以上相同者；2.公司與他公司之已發行有表決權之股份總數或資本總額有半數以上爲相同之股東持有或出資者）。

第三條

任何人不得為外國、大陸地區、香港、澳門、境外敵對勢力或其所設立或實質控制之各類組織、機構、團體或其派遣之人，為下列行為：

一、以竊取、侵占、詐術、脅迫、擅自重製或其他不正方法而取得國家核心關鍵技術之營業秘密，或取得後進而使用、洩漏。

二、知悉或持有國家核心關鍵技術之營業秘密，未經授權或逾越授權範圍而重製、使用或洩漏該營業秘密。

三、持有國家核心關鍵技術之營業秘密，經營業秘密所有人告知應刪除、銷毀後，不為刪除、銷毀或隱匿該營業秘密。

四、明知他人知悉或持有之國家核心關鍵技術之營業秘密有前三款所定情形，而取得、使用或洩漏。

任何人不得意圖在外國、大陸地區、香港或澳門使用國家核心關鍵技術之營業秘密，而為前項各款行為之一。

第一項所稱國家核心關鍵技術，指如流入外國、大陸地區、香港、澳門或境外敵對勢力，將重大損害國家安全、產業競爭力或經濟發展，且符合下列條件之一者，並經行政院公告生效後，送請立法院備查：

一、基於國際公約、國防之需要或國家關鍵基礎設施安全防護考量，應進行管制。

二、可促使我國產生領導型技術或大幅提升重要產業競爭力。

前項所稱國家核心關鍵技術之認定程序及其他應遵行事項之辦法，由國家科學及技術委員會會商有關機關定之。

經認定國家核心關鍵技術者，應定期檢討。

本條所稱營業秘密，指營業秘密法第二條所定之營業秘密。

一、2022年5月20日修正理由

（一）本條新增。

（二）當代國家間之競爭已不限於武力裝備，尚包括全球市場與產業分工關係下，各產業與科技之角力，且國家安全概念亦不限於軍事方面意義，而及於經濟發展與產業競爭力對國家發展之影響。又近年我國高科技產業屢有遭外國、大陸地區、香港、澳門等競爭對手，違法挖角高階研發人才並竊取產業核心技術之案件發生，嚴重影響我國高科技產業之發展與競爭力。

（三）鑑於營業秘密法並未針對爲外國、大陸地區、香港、澳門、境外敵對勢力或其所設立或實質控制之各類組織、機構、團體或其派遣之人，侵害國家核心關鍵技術之營業秘密爲特別處罰規範，爲避免我國產業核心關鍵技術遭非法流至境外，造成對國家安全及產業利益之重大損害；並考量國家核心關鍵技術之營業秘密本質上亦爲營業秘密，且營業秘密法第13條之1第1項第1款至第4款規定侵害營業秘密行爲之四種禁止態樣，較諸第2條第2款、第3款之規定即「洩漏、交付、傳遞」、「刺探、收集」等態樣，對於營業秘密之保護，更爲周延，故爲使保護營業秘密之體系周延並一致，有關侵害國家核心關鍵技術之營業秘密之禁止態樣，參酌營業秘密法第13條之1第1項各款體例定之，爰爲第1項規定。

（四）營業秘密法第13條之2之域外使用罪，並未區別遭侵害之營業秘密之重要性而異其刑罰程度，爲建構營業秘密之層級化保護體系，即「一般侵害營業秘密罪」（營業秘密法第13條之1第1項規定）、「一般營業秘密之域外使用罪」（營業秘密法第13條之2第1項規定）、「國家核心關鍵技術營業秘密之域外使用罪」（第8條第2項規定）、「爲外國等侵害國家核心關鍵技術營業秘密罪」（第8條第1項規定）等四個保護層級，故有必要明定禁止任何人意圖在外國、大陸地區、香港或澳門使用國家核心關鍵技術之營業秘密，而有第1項各款行爲之一，以更周延保護國家核心關鍵技術之營業秘密，爰爲第2項規定。

（五）爲使國家核心關鍵技術之範圍特定，以符刑罰明確性原則，爰於第3項明定國家核心關鍵技術之定義及範圍，且應經行政院公告；並於第4項規定國家核心關鍵技術之認定程序及其他應遵行事項，授權由國家科學及技術委員會會商有關機關訂定辦法。又國家核心關鍵技術經認定後，由國家科學及技術委員會報由行政院公告生效後，送立法院備查。

（六）為因應產業環境變化或技術變革，應定期檢討經認定之國家核心關鍵技術，爰為第5項規定。

（七）為使營業秘密之定義明確，爰於第6項規定本條所稱營業秘密，係指營業秘密法第2條所定之營業秘密。

二、說明

本條與前條概念相同，皆係規範不得為相關人等從事之行為，只不過，前條規定的不可為，焦點在發展組織上，洩漏、交付、刺探或收集機密文書、圖影像、物品或電磁紀錄，本條則將不可為之行為焦點放在「國家核心關鍵技術」上。依序說明如下：

（一）第1項所稱，與前條不得替相關外國（敵對）組織、團體或人別等為之行為類似，只不過主體不同；相當然爾，圍繞在「國家核心關鍵技術」上。包括：1.取得國家核心關鍵技術其營業秘密，是以竊取等或其他不正方法得到，以及取得後加以使用或洩漏給外國（敵對）組織、團體或人別等。亦即，營業秘密（你玩不起）不可知、不要碰、不要給就對了；2.與前點有別的是，有些人因為工作關係而知悉營業秘密，只要不重製、使用或洩漏，即無觸法之虞；3.知悉相關重要營業秘密，但非所有權人；如所有權人要求保有之秘密，應進一步刪除、銷毀，而未刪除、銷毀或隱匿（適當時機洩漏或交付）者；4.獲知他人知悉或持有國家重要核心技術之營業秘密，係以不正方法取得、洩漏及應刪除未刪除等情事，設法（威脅、利誘、拐騙、竊取等）去取得此些秘密、使用秘密或將秘密洩漏給他人。

（二）第2項係針對第1項因取得、知悉、洩漏或持有等方法而擁有該秘密，因在國內易為發覺而涉有刑責，遂將相關秘密設法（攜）帶出，並於外國、大陸或港澳等地，達使用（甚至販賣）該秘密之謂。

（三）國家核心關鍵技術，顧名思義，一定是對國家未來安全或整體發展產生重大質變（撼動江山）的關鍵性技術、技能、技藝、智識或科技（含國防）等。依照第3項旨意，包括有：

1. 損害發生：此些技術若流入他國、陸港澳等，將對國家經濟、安全及發展競爭力產生重大損害。
2. 指稱項目：所稱國家核心關鍵技術，指以下項目其中之一者：(1)應進行管制之國防上需要（如先進武器製造、零件或製程等）、關鍵基礎設施安全防護需要（如核能設備、電力或水力控制、重大交通運輸管控等）；(2)可提升產業競爭力之領導型技術，如晶片、AI智慧或半導體技術等。
3. 程序：需經行政院正式公告之上開細項項目。
4. 細項項目要送請立法院備查。[3]

（四）第4項爲國家核心關鍵技術認定之授權辦法，係由國家科學及技術委員會統籌會商訂定之。

（五）定期檢討國家核心關鍵技術實質內容，因科技進步神速，若無法與時俱進，恐爲時代潮流所淘汰，爲第5項規定之內涵。

（六）第1項第1款所言之「營業秘密」，指營業秘密法第2條：「本法所稱營業秘密，係指方法、技術、製程、配方、程式、設計或其他可用於生產、銷售或經營之資訊，而符合左列要件者：一、非一般涉及該類資訊之人所知者。二、因其秘密性而具有實際或潛在之經濟價值者。三、所有人已採取合理之保密措施者。」

三、問題探討

本條所言，有以下幾點值得深思：

（一）第1項是指要求不能替此些國家（人員）爲特定之行爲，如侵占技術（秘密），然並未交付，如何知悉係替此些國家而爲？換言之，於尚未交付前即已發覺；後段當然有言洩漏給此些國家之不可爲。然若僅係竊取、侵占、詐術、脅迫（本項第2款所無規定之

3　沒有審查權限？

犯意），而無洩漏他國家者，則當無國家安全法之適用。[4]第2款無「交付」，是否可以洩漏涵蓋之？第3款之應刪除而未刪除，與本項序文之關聯性何在？第4項知悉他人已有上開三款觸法情事，所稱「取得、使用或洩漏」，係指洩漏營業秘密，還是「知悉其觸法，洩漏給他人本件觸法之事」？其與序文組織等又產生什麼關聯？內容似相當不明確。

（二）國家核心關鍵技術，究竟是第3項所言之內容為主，還是營業秘密為準？第3項序文所稱「指如流入外國……」，所指稱者係指什麼流入？技能、方法、技術、製程、配方、程式、設計等營業秘密嗎？從第3項第1款至第2款內容觀之，國家核心關鍵技術究竟指的是什麼？[5]要管制的主體是什麼？另外，何謂「重大損害」，如何估算？

（三）依本條第3項，不知台積電去國外設廠，[6]萬一哪天當地政府要求交付關鍵技術，否則關廠或強制接收，甚至扣押人員，該如何應對？若屆時才開始想方設法，恐為時已晚。

四、罰則

本法第8條規定：「違反第三條第一項各款規定之一者，處五年以上十二年以下有期徒刑，得併科新臺幣五百萬元以上一億元以下之罰金（第1項）。違反第三條第二項規定者，處三年以上十年以下有期徒刑，得併科新臺幣五百萬元以上五千萬元以下之罰金（第2項）。第一項、第二項之未遂犯罰之（第3項）。科罰金時，如犯罪行為人所得之利益超過罰金最多額，得於所得利益之二倍至十倍範圍內酌量加重（第4項）。犯第一項至第三項之罪而自首者，得減輕或免除其刑；因而查獲其他正犯或共

---

4 有違反其他法，當依所違反之法處罰。

5 國家科學及技術委員會有公告共22項屬國家核心關鍵技術，但如國際公約項下指的又是什麼？

6 國外設廠本有風險，此算不算是技術外流？筆者非內部決策人員，政府官員等所言，或者是安定民心，告知大眾不用擔心，誰曉得是真是假。

犯，或防止國家安全或利益受到重大危害情事者，免除其刑（第5項）。犯第一項至第三項之罪，於偵查中及歷次審判中均自白者，得減輕其刑；因而查獲其他正犯或共犯，或防止國家安全或利益受到重大危害情事者，減輕或免除其刑（第6項）。法人之代表人、非法人團體之管理人或代表人、法人、非法人團體或自然人之代理人、受雇人或其他從業人員，因執行業務，犯第一項至第三項之罪者，除依各該項規定處罰其行爲人外，對該法人、非法人團體、自然人亦科各該項之罰金。但法人之代表人、非法人團體之管理人或代表人、自然人對於犯罪之發生，已盡力爲防止行爲者，不在此限（第7項）。」

五、相關法條

（一）本法第9條：「營業秘密法第十四條之一至第十四條之三有關偵查保密令之規定，於檢察官偵辦前條（按：第8條處罰，即本條第3條）之案件時適用之（第1項）。犯前條之罪之案件，爲智慧財產案件審理法第一條前段所定之智慧財產案件（第2項）。」第10條：「違反前條（按：第9條）第一項偵查保密令者，處五年以下有期徒刑、拘役或科或併科新臺幣一百萬元以下罰金（第1項）。於外國、大陸地區、香港或澳門違反偵查保密令者，不問犯罪地之法律有無處罰規定，亦適用前項規定（第2項）。」

（二）智慧財產案件審理法第3條第2項：「本法所稱智慧財產案件，指下列各款案件：一、智慧財產民事事件。二、智慧財產刑事案件。三、智慧財產行政事件。四、其他依法律規定或司法院指定由智慧財產法院管轄之案件。」

（三）營業秘密法第2條。

（四）國家核心關鍵技術認定辦法。

第四條
國家安全之維護，應及於中華民國領域內網際空間及其實體空間。

一、2022年5月20日修正理由

（一）條次變更，內容未修正。

（二）因應資訊化時代來臨，國家安全之威脅不再限於實體，而擴大到網際空間，全球實務上已發生駭客入侵資訊及網路系統，竊取個資、智慧財產、商業機密以及軍事機密資料之情事，對人權、經濟與國安均造成威脅。爰本條國家安全之維護範圍中，所稱網際空間，包含網際空間之設施、資料、檔案及連結等，均屬應受維護之國家安全範疇，不得為非法方式干擾或破壞運作。

二、說明

本條原係第3條移列，其最主要的目的，在於宣示國家安全及於資訊網路之領域內。蓋以現階段的發展，「掌握資訊、掌握一切」，網路世界無遠弗屆，虛擬空間無邊無際。AI開發，更易形成眞實與虛假難以分辨，未來，對於安全事項之維繫，將又是一番新視界。對於實物，我們易於掌握；然網際之間，似乎是「看得到、抓不住；看不到、摸不著」，但仍應有所規範。

三、問題探討

正如上開所敘，網路世界毫無邊際與限制，境內的訊息可以追查；境外的就無能為力。試想，針對國家安全事項，會在境內透過網路攻擊嗎（實體部分當然有可能，如重要機關構、民生物資地、交通樞紐或攸關民眾生存設施等）？決勝於千里之外，無須出兵，即可取得資源與結果，此為近來國家安全工作上，最難處理與必須克服的境遇。當然，境外之網路犯罪或恐怖攻擊等，我們可以提供情資，透過國際刑警組織之動能或友好國家之合作等，加以處置或防範。

第五條
警察或海岸巡防機關於必要時，對下列人員、物品及運輸工具，得依其職權實施檢查：
一、入出境之旅客及其所攜帶之物件。
二、入出境之船舶、航空器或其他運輸工具。
三、航行境內之船筏、航空器及其客貨。
四、前二款運輸工具之船員、機員、漁民或其他從業人員及其所攜帶之物件。
對前項之檢查，執行機關於必要時，得報請行政院指定國防部命令所屬單位協助執行之。

一、2022年5月20日修正理由

（一）條次變更。
（二）第1項序文之「左列」修正爲「下列」，以符法制體例，其餘各款未修正。
（三）第2項未修正。

二、說明

（一）本條主要爲「維護水陸空交通安全，爰參酌實務經驗，並針對治安實際需要，明定警察或海巡機關於必要時，對入出境之旅客及其所攜帶之物件、入出境之船舶、航空器或其他運輸工具、航行境內（在境內亦可實施檢查，非僅只於入出境線上，如國內線之飛機）之船筏、航空器及其客貨，以及包括各該運輸工具之船員、機員、漁民或其他從業人員及其所攜帶之物件得實施檢查」。
（二）依照現行機關權責分工，於機場或港口，包括：警政署航空警察局組織規程第2條、警政署保安警察第三總隊辦事細則第8條、海洋委員會海巡署組織法第2條及其辦事細則第6條等法令，皆律定有其相關權責，無論是人員、物品或運輸工具均有檢查之權。

三、問題探討

事實上，機場或港口對人員、物品及運輸工具之檢查，尚包括移民署（入出國及移民法）、財政部關務署（關務署組織法及其處務規程）、法務部調查局等，各有其組織法與執行法可資適用，況且調查局與移民署皆屬情報機關，與國家安全息息相關，皆應列入本條第1項所言機關之內；或者應於序文指稱「……海岸巡防等有關機關……」。

四、罰則

本法第14條規定：「無正當理由拒絕或逃避依第五條規定所實施之檢查者，處六月以下有期徒刑、拘役或科或併科新臺幣一萬五千元以下罰金。」

五、相關法條

（一）可參考本條條文說明內容。

（二）施行細則：

1. 第19條：「本法第五條所定入出境航空器及其載運人員、物品之檢查，依下列規定實施：一、航空器：得作清艙檢查。出境之航空器於旅客進入後，須經核對艙單、清點人數相符，並經簽署後，始准起飛。二、進出航空站管制區之人員、車輛及其所攜帶、載運之物品，應經檢查，憑相關證件進出。三、旅客、機員：實施儀器檢查或搜索其身體。搜索婦女之身體，應命婦女行之，但不能由婦女行之者，不在此限。四、旅客、機員手提行李：應由其自行開啓接受檢查。五、旅客托運之行李：經檢查送入機艙後，如該旅客不進入航空器時，其托運行李應予取下，始准起飛。但經航空公司具結保證安全者，不在此限。六、空運出口物件：於航空器出境前接受檢查（第1項）。過境之旅客，非經檢查許可，不得會晤境內人員及授受物品（第2項）。第一項第二款所稱相關證件，由各主管機關核發（第3項）。空運進口貨物於提領前，必要時得會同海關人員實施檢查（第4項）。」

2. 第20條：「本法第五條所定入出境船舶、其他運輸工具及其載運人員、物品之檢查，依下列規定實施：一、船舶及其他運輸工具：核對證照與艙單，並得作清艙檢查。二、旅客、船員、漁民及其行李、物件：準用前條第一項第二款至第五款之規定檢查。三、進口之貨櫃：得於目的地實施落地檢查。」
3. 第21條：「本法第五條所定航行境內航空器及其載運人員、物品之檢查，準用第十九條第一項之規定辦理；旅客於登機時，並得查驗身分證明。」
4. 第22條：「本法第五條所定航行境內船舶及其載運人員、物品之檢查，準用第二十條規定辦理；旅客於登船時，並得查驗身分證明。」
5. 第23條：「進出漁港及海岸之漁船、舢舨、膠筏、竹筏及其他經主管機關核准營運之水上運輸工具，得查驗有關證件，並檢查船體及其載運物件（第1項）。前項水上運輸工具，應在設籍港或核定處所進出、接受檢查。但因不可抗力或緊急情事，得在設籍港或核定處所以外之地區進出、接受檢查（第2項）。海岸巡防機關人員於執行前二項檢查，發見有犯罪嫌疑時，得行使刑事訴訟法第二百三十條第一項第三款及第二百三十一條第一項第三款所定職權（第3項）。」
6. 第24條：「航行臺灣地區境內之河、溪、湖、潭、水庫等水域之船舶、舢舨、膠筏、竹筏、遊艇及其他水上運輸工具，有檢查之必要時，準用前條之規定。」

第六條

為確保海防及軍事設施安全，並維護山地治安，得由國防部會同內政部指定海岸、山地或重要軍事設施地區，劃為管制區，並公告之。

人民入出前項管制區，應向該管機關申請許可。
第一項之管制區，為軍事所必需者，得實施限建、禁建；其範圍，由國防部會同內政部及有關機關定之。
前項限建或禁建土地之稅捐，應予減免。

一、2022年5月20日修正理由

條次變更，內容未修正。

二、原制定理由

（一）海岸、山地及重要軍事設施地區，均爲敵人破壞或刺探之目標，事關國防安全，爰於第1項明定爲確保海防及軍事設施安全並維護山地治安，得由國防部會同內政部指定劃爲管制區，並公告周知。
（二）第2項明定人民入出第1項管制區，應向該管機關申請許可。
（三）第3項明定爲配合軍事需要，在管制區內得實施限建、禁建。至其範圍，因與內政部主管業務有關，爰授權由國防部會同內政部及有關機關定之。
（四）第4項明定限建或禁建土地之稅捐，應予減免。

三、說明

本條針對三個地方劃爲管制區，分別是：海岸（海防安全）、軍事設施（所在地）及山地（治安問題）。由於具有軍事上之需要，以及山地治安（人車交通比較麻煩，出入耗時等因素），而予以進行人車之管制。

四、問題探討

維繫山地治安而劃爲管制區，理由爲「敵人破壞或刺探之目標」較令人困惑，除非山地上有重要軍事設施，如雷達站、軍事用地（彈藥儲存或據點等），才比較可以理解。確實，臺灣有些山地會有相關管制，大都由當地縣市政府警察局保安科負責。[7]另有由內政部國家公園署負責之國家公園保護區，以及自然保留區、自然保護區、野生動物保護區等，入山前必須要申請許可。

五、罰則

本法第15條規定：「違反第六條第二項未經申請許可無故入出管制區經通知離去而不從者，處六月以下有期徒刑、拘役或科或併科新臺幣一萬五千元以下罰金（第1項）。違反第六條第三項禁建、限建之規定，經制止而不從者，處六月以下有期徒刑、拘役或科或併科新臺幣一萬五千元以下罰金（第2項）。」

六、相關法條

本法施行細則第25條至第43條：

（一）第25條：「本法第六條第一項所定海岸管制區，由國防部會同內政部根據海防實際需要，就臺灣地區海岸之海水低潮線以迄高潮線起算五百公尺以內之地區及近海沙洲劃定公告之。」

（二）第26條：「前條海岸管制區，依其性質分爲下列二種：一、海岸經常管制區：爲確保海防安全，經常實施管制之地區。二、海岸特定管制區：於規定時間內，開放供人民從事觀光、旅遊、岸釣及其他正當娛樂等活動之地區（第1項）。前項管制區設置檢查哨，由海防部隊執行檢查、管制任務（第2項）。」

（三）第27條：「人民入出海岸管制區，應向該管軍事機關申請許可。經查驗證明文件或經查證確有入出之必要者，得予許可。」

（四）第28條：「人民入出海岸管制區，有下列情形之一者，無須申請許可：一、在規定開放時間內，入出海岸特定管制區。二、戶籍設於

7　警政署，https://nv2.npa.gov.tw/NM107-604Client/view/UnitList.jsp，查閱日期：2024/4/25。

海岸管制區或依法得使用之土地、漁塭或廠場位於海岸管制區者，得憑身分證明文件經查驗後入出。三、當地漁民入出海岸管制區之海岸捕魚、養殖或採收海產者，得憑身分證明文件經查驗後入出。四、因公務需要入出海岸管制區者，得憑各該主管機關之證明文件連同身分證明文件經查驗後入出。五、司法、軍法或治安人員，因公入出海岸管制區者，得憑服務證件經查驗後入出。六、選務、監察人員及依法登記之候選人、助選員、宣傳車駕駛，於公職人員競選活動期間，得憑身分證明文件經查驗後入出其選舉區所在之海岸管制區。七、因不可抗力或緊急情事而有入出海岸管制區之必要者，得憑身分證明文件經查驗後入出。」

（五）第29條：「本法第六條第一項所定山地管制區，由國防部會同內政部根據維護山地治安需要，就臺灣地區各山地鄉、直轄市山地原住民區行政區內之山地劃定公告之。」

（六）第30條：「前條山地管制區，依其性質分為下列二種：一、山地經常管制區：為維護山地治安，經常實施管制之地區。二、山地特定管制區：具有遊憩資源得提供人民從事觀光、旅遊及其他正當娛樂活動，基於維護山地治安有必要實施管制之地區（第1項）。前項管制區設置檢查所，由警察機關執行檢查、管制任務（第2項）。」

（七）第31條：「人民入出山地經常管制區，應向內政部警政署或該管警察局、警察分局、分駐所、派出所，或保安警察第七總隊派駐國家公園分隊、小隊申請許可，經查驗證明文件或查證確有入出之必要者，得予許可（第1項）。人民入出山地特定管制區，應向內政部警政署或該管警察局、警察分局、分駐所、派出所、檢查所或保安警察第七總隊派駐國家公園分隊、小隊或指定之處所申請許可，經查驗身分證明文件後予以許可（第2項）。」

（八）第32條：「人民入出山地管制區，有下列情形之一者，無須申請許可：一、具有原住民身分者，得憑身分證明文件經查驗後入出。二、平地人民戶籍設於山地管制區或依法得使用之土地或廠場位於山地管制區者，得憑身分證明文件經查驗後入出設籍或工作之山地管制區。三、因公務需要入出山地管制區者，得憑各該主管機關之證明文件連同身分證明文件經查驗後入出。四、司法、軍法或治安人員，因公入出山地管制區者，得憑服務證件經查驗後入出。五、選務、監察人員及依法登記之候選人、助選員、宣傳車駕駛，於公職人員競選活動期間，得憑身分證明文件經查驗後入出其選舉區所在之山地管制區。六、因不可抗力或緊急情事而有入出山地管制區之必要者，得憑身分證明文件經查驗後入出。」

（九）第34條：「前條（按：第33條）重要軍事設施管制區，依其性質分爲下列七種：一、軍用飛機場。二、飛機戰備跑道。三、飛彈基地。四、永久性國防工事。五、具危險性之軍事訓練、試驗場地或阻絕設施。六、具爆炸危險性之軍事工廠、倉庫及油泵站。七、軍用固定性重要通信電子設施（第1項）。前項管制區得設置檢查哨，由該管軍事機關執行檢查、管制任務（第2項）。」

（十）第35條：「人民入出前條管制區內之重要軍事設施所在地，應向該管軍事機關申請許可。但於限制時間外，入出飛機戰備跑道、軍事訓練或試驗場者，無須申請許可。」

（十一）第37條：「海岸管制區之禁建，係指禁止一切建築物之建造；限建，係指限制原有建築物之增建、改建或限制建築物之高度或面積。」

（十二）第39條：「山地管制區之建築管理，依有關法令之規定。但於軍事上確有必要時，得指定一定範圍實施禁建、限建。」

（十三）第41條：「重要軍事設施管制區之禁建，係指禁止一切建築物之建造、各種堆積物之堆置或架空線路之架設；限建，係指限制原有建築物之增建、改建或限制建築物、堆積物或架空線路之高度或面積。」[8]

8　其餘法條請參閱施行細則。

第七條

意圖危害國家安全或社會安定，為大陸地區違反第二條第一款規定者，處七年以上有期徒刑，得併科新臺幣五千萬元以上一億元以下罰金；為大陸地區以外違反第二條第一款規定者，處三年以上十年以下有期徒刑，得併科新臺幣三千萬元以下罰金。

違反第二條第二款規定者，處一年以上七年以下有期徒刑，得併科新臺幣一千萬元以下罰金。

違反第二條第三款規定者，處六月以上五年以下有期徒刑，得併科新臺幣三百萬元以下罰金。

第一項至第三項之未遂犯罰之。

因過失犯第二項之罪者，處一年以下有期徒刑、拘役或新臺幣三十萬元以下罰金。

犯前五項之罪而自首者，得減輕或免除其刑；因而查獲其他正犯或共犯，或防止國家安全或利益受到重大危害情事者，免除其刑。

犯第一項至第五項之罪，於偵查中及歷次審判中均自白者，得減輕其刑；因而查獲其他正犯或共犯，或防止國家安全或利益受到重大危害情事者，減輕或免除其刑。

犯第一項之罪者，其參加之組織所有之財產，除實際合法發還被害人者外，應予沒收。

犯第一項之罪者，對於參加組織後取得之財產，未能證明合法來源者，亦同。

一、2022年5月20日修正理由

（一）條次變更。

（二）配合原條文第2條之1變更條次爲第2條，爰將第1項至第3項所定「第2條之1」修正爲「第2條」。

（三）第6項、第7項自首、自白減輕之規定，立法原意並非一併查獲正犯「與」共犯爲必要，並參考證人保護法第14條及銀行法第125條之4之立法例，爰將「與」修正爲「或」，以臻明確。

（四）第4項、第5項、第8項、第9項未修正。

二、說明

此爲違反第2條之罰則規定，爰請參照。

第八條

違反第三條第一項各款規定之一者，處五年以上十二年以下有期徒刑，得併科新臺幣五百萬元以上一億元以下之罰金。

違反第三條第二項規定者，處三年以上十年以下有期徒刑，得併科新臺幣五百萬元以上五千萬元以下之罰金。

第一項、第二項之未遂犯罰之。

科罰金時，如犯罪行為人所得之利益超過罰金最多額，得於所得利益之二倍至十倍範圍內酌量加重。

犯第一項至第三項之罪而自首者，得減輕或免除其刑；因而查獲其他正犯或共犯，或防止國家安全或利益受到重大危害情事者，免除其刑。

犯第一項至第三項之罪，於偵查中及歷次審判中均自白者，得減輕其刑；因而查獲其他正犯或共犯，或防止國家安全或利益受到重大危害情事者，減輕或免除其刑。

法人之代表人、非法人團體之管理人或代表人、法人、非法人團體或自然人之代理人、受雇人或其他從業人員，因執行業務，犯第一項至第三項之罪者，除依各該項規定處罰其行為人外，對該法人、非法人團體、自然人亦科各該項之罰金。但法人之代表人、非法人團體之管理人或代表人、自然人對於犯罪之發生，已盡力為防止行為者，不在此限。

一、**2022年5月20日修正理由**：協商通過之條文。

二、**說明**：此爲違反第3條之罰則規定，爰請參照。

第九條

營業秘密法第十四條之一至第十四條之三有關偵查保密令之規定，於檢察官偵辦前條之案件時適用之。

犯前條之罪之案件，為智慧財產案件審理法第一條前段所定之智慧財產案件。

一、2022年5月20日修正理由

（一）本條新增。

（二）違反修正條文第8條規定之案件，均涉及國家核心關鍵技術之營業秘密，本質上亦屬侵害營業秘密之案件，且屬更核心重要之國家級營業秘密，爲周延保護此類營業秘密於偵查中不致發生二次外洩之風險，並促進偵查效率，故有必要適用營業秘密法第14條之1至第14條之3有關偵查保密令之規定，爰爲第1項規定。

（三）修正條文第8條規定之案件，性質上屬侵害營業秘密之案件，爲智慧財產案件，參照智慧財產案件審理法第1條前段規定，其審理應依智慧財產案件審理法之相關規定，以嚴謹並符合智慧財產案件之審理程序，爲避免程序適用疑義，爰爲第2項規定。

二、相關法條

（一）營業秘密法

1. 第14條之1：「檢察官偵辦營業秘密案件，認有偵查必要時，得核發偵查保密令予接觸偵查內容之犯罪嫌疑人、被告、被害人、告訴人、告訴代理人、辯護人、鑑定人、證人或其他相關之人（第1項）。受偵查保密令之人，就該偵查內容，不得爲下列行爲：一、實施偵查程序以外目的之使用。二、揭露予未受偵查保密令之人（第2項）。前項規定，於受偵查保密令之人，在偵查前已取得或持有該偵查之內容時，不適用之（第3項）。」
2. 第14條之2：「偵查保密令應以書面或言詞爲之。以言詞爲之者，應當面告知並載明筆錄，且得予營業秘密所有人陳述意見之機會，於七日內另以書面製作偵查保密令（第1項）。前項書面，應送達於受偵查保密令之人，並通知營業秘密所有人。於送達及通知前，應給予營業秘密所有人陳述意見之機會。但已依前項規定，給予營業秘密所有人陳述意見之機會者，不在此限（第2項）。偵查保密令以書面爲之者，自送達受偵查保密令之人之日起發生效力；以言詞爲之者，自告知之時起，亦同（第3項）。偵查保密令應載明下列事項：一、受偵查保密令之人。二、應保密之偵查內容。三、前條第二項所列之禁止或限制行爲。四、違反之效果（第4項）。」

3. 第14條之3：「偵查中應受保密之原因消滅或偵查保密令之內容有變更必要時，檢察官得依職權撤銷或變更其偵查保密令（第1項）。案件經緩起訴處分或不起訴處分確定者，或偵查保密令非屬起訴效力所及之部分，檢察官得依職權或受偵查保密令之人之聲請，撤銷或變更其偵查保密令（第2項）。檢察官爲前二項撤銷或變更偵查保密令之處分，得予受偵查保密令之人及營業秘密所有人陳述意見之機會。該處分應以書面送達於受偵查保密令之人及營業秘密所有人（第3項）。案件起訴後，檢察官應將偵查保密令屬起訴效力所及之部分通知營業秘密所有人及受偵查保密令之人，並告知其等關於秘密保持命令、偵查保密令之權益。營業秘密所有人或檢察官，得依智慧財產案件審理法之規定，聲請法院核發秘密保持命令。偵查保密令屬起訴效力所及之部分，在其聲請範圍內，自法院裁定確定之日起，失其效力（第4項）。案件起訴後，營業秘密所有人或檢察官未於案件繫屬法院之日起三十日內，向法院聲請秘密保持命令者，法院得依受偵查保密令之人或檢察官之聲請，撤銷偵查保密令。偵查保密令屬起訴效力所及之部分，在法院裁定予以撤銷之範圍內，自法院裁定確定之日起，失其效力（第5項）。法院爲前項裁定前，應先徵詢營業秘密所有人及檢察官之意見。前項裁定並應送達營業秘密所有人、受偵查保密令之人及檢察官（第6項）。受偵查保密令之人或營業秘密所有人，對於第一項及第二項檢察官之處分，得聲明不服；檢察官、受偵查保密令之人或營業秘密所有人，對於第五項法院之裁定，得抗告（第7項）。前項聲明不服及抗告之程序，準用刑事訴訟法第四百零三條至第四百十九條之規定（第8項）。」

（二）智慧財產案件審理法

第1條：「爲建構專業、妥適及迅速審理智慧財產案件之訴訟制度，保障智慧財產及其相關權益，特制定本法。」

第十條

違反前條第一項偵查保密令者，處五年以下有期徒刑、拘役或科或併科新臺幣一百萬元以下罰金。

於外國、大陸地區、香港或澳門違反偵查保密令者，不問犯罪地之法律有無處罰規定，亦適用前項規定。

一、2022年5月20日修正理由

（一）本條新增。

（二）按營業秘密法第14條之4第1項規定違反偵查保密令者之刑事處罰，法定刑最重本刑爲3年以下有期徒刑，惟如涉及侵害國家核心關鍵技術之營業秘密案件，如有違反檢察官依第9條第1項規定所核發之偵查保密令者，危害程度尤甚，故有必要將法定刑最重本刑提高爲5年以下有期徒刑，以確保受偵查保密令者遵守偵查保密令之效力，並有效防止國家核心關鍵技術之營業秘密發生二次外洩，爰爲第1項規定。

（三）爲強化偵查保密令之域外效力，降低發生國家核心關鍵技術之營業秘密二次外洩之風險，爰參酌營業秘密法第14條之4第2項規定，爲第2項規定。

二、說明

本條之處罰對象除「犯罪嫌疑人、被告、被害人、告訴人、告訴代理人、辯護人、鑑定人、證人」外，包括情治機關人員或該案件偵查主體之檢察官及配合偵查之憲調警人員；蓋此些人員才會有接觸秘密偵查案件之機會。

三、相關法條

營業秘密法第14條之4：「違反偵查保密令者，處三年以下有期徒刑、拘役或科或併科新臺幣一百萬元以下罰金（第1項）。於外國、大陸地區、香港或澳門違反偵查保密令者，不問犯罪地之法律有無處罰規定，亦適用前項規定（第2項）。」

第十一條

為確保國防軍品及設施之安全，廠商或其分包廠商之人員，或受政府機關（構）委託、補助、出資之個人或法人、機構或團體之人員或其分包廠商之人員，履約時不得有下列情形：

一、對用於軍事工程、財物或勞務採購之產製品或服務，知悉原產地、國籍或登記地係來自大陸地區、香港、澳門或境外敵對勢力，而為交付或提供。

二、知悉係不實之軍用武器、彈藥、作戰物資，而為交付或提供。

前項第一款所指產製品或服務，及第二款所指軍用武器、彈藥、作戰物資，應依本法管制者，以採購單位於招標文件中特別載明者為限。

一、2022年5月20日修正理由

（一）本條新增。

（二）現行國防軍事工程、財物或勞務採購實務，雖採購契約已明定限制大陸地區產製，惟仍屢發生廠商以大陸地區產製贗品交貨，甚可能危害我國國防軍事戰力、國家安全之虞，而有明文禁止之必要。參考國防產業發展條例第19條規定有關列管軍品研發、產製、維修，不得來自大陸地區、香港、澳門等規範意旨，爰於第1項第1款明定之。本條所稱工程、財物或勞務之定義，依政府採購法第7條規定；所稱廠商，依政府採購法第8條規定，指公司、合夥或獨資之工商行號及其他得提供各機關工程、財物、勞務之自然人、法人、機構或團體。原產地之認定，其中有關財物之原產地，依進口貨物原產地認定標準規定辦理；另勞務之原產地，除法令另有規定外，依實際提供勞務者之國籍或登記地認定之。屬自然人者，依國籍認定之；非屬自然人者，依登記地認定之。至於採購單位，係指需求、使用或承辦採購之單位。

（三）軍用武器、彈藥、作戰物資等採購，攸關國防軍事戰力甚至國家安全，對此類採購有特別維護之必要，無論原產地是否爲大陸地區、香港、澳門或境外敵對勢力，其履約均不得有所不實，以確保國家安全及軍事利益，爰於第1項第2款明定之。所稱不實，係指虛僞不實、僞（變）造、仿冒者等均包含在內，例如贗品；至於產品瑕疵則非此範疇，得依契約規範辦理。所稱武器、彈藥、作戰物資，依特殊軍事採購適用範圍及處理辦法第2條規定認定之。

（四）有關第1項第1款所指產製品或服務，及第2款所指軍用武器（含武器系統之軟硬體）、彈藥、作戰物資，應依本法管制者，以採購單位於招標文件中特別載明者爲限，爰於第2項明定之。至採購單位未於招標文件中爲第2項之特別載明者，如廠商等人員有第1款或第2款之情形時，仍依其他相關法令規定或契約之約定辦理。又第2項所稱依本法管制之採購案，如有分包之情形，其分包契約應記載經採購單位於招標文件特別載明依本法管制之旨，俾使分包廠商人員得以遵循辦理，併此敘明。

二、說明

本條主要有以下幾個重點：首先，主要針對國防軍事工程、財物或勞務採購之產製品或服務，係來自於大陸地區、香港、澳門或境外敵對勢力而有交付或提供情形；其次，爲進行履約時期；第三，不實產品，指該產品有僞變造（如非原生產廠商、偷天換日、改造產品等）、仿冒（以A換B等）或虛僞情形（如數量不符等）；第四，要求的對象是廠商（含轉分包廠商）、受委託之個人或機構等人員；最後，目的在安全上考量，蓋因軍事工程、武器、作戰物資等，關係國家整體防禦或人員作戰安全，全爲敵人所掌握或無法使用等，將使國家陷入萬劫不復之境況，不得不愼。

三、問題探討

有關軍事工程、彈藥或武器等採購，非一般人所能置喙，蓋因涉及龐大利潤（益）及錯綜複雜之人際網絡，稍有疏忽，大可影響生命、財產耗損，古今中外皆然。惟本條何不於採購契約上敘明，爲何要等至履約時？以及第1項第1款之「知悉」，如不知悉時應如何處理？如何認定？

四、罰則

請見第12條。

第十二條

違反前條第一項第一款規定者，處一年以上七年以下有期徒刑，得併科新臺幣三千萬元以下罰金。

違反前條第一項第二款規定，足以生損害於國家安全或軍事利益者，處三年以上十年以下有期徒刑，得併科新臺幣五百萬元以上五千萬元以下罰金。

科罰金時，如犯罪行為人所得之利益超過罰金最多額，得於所得利益之二倍至十倍範圍內酌量加重。

犯第一項或第二項之罪而自首者，得減輕或免除其刑；因而查獲其他正犯或共犯，或防止國家安全或軍事利益受到重大危害情事者，減輕或免除其刑。

犯第一項或第二項之罪，於偵查中及歷次審判中均自白者，得減輕其刑；因而查獲其他正犯或共犯，或防止國家安全或軍事利益受到重大危害情事者，得減輕或免除其刑。

法人之代表人、非法人團體之管理人或代表人、法人、非法人團體或自然人之代理人、受雇人或其他從業人員，因執行業務，犯第一項或第二項之罪者，除依各該項規定處罰其行為人外，對該法人、非法人團體或自然人亦科各該項之罰金。但法人之代表人、非法人團體之管理人或代表人、自然人對於犯罪之發生，已盡力為防止行為者，不在此限。

一、2022年5月20日修正理由

（一）本條新增。

（二）第11條第1項第1款廠商或其分包廠商之人員，或受政府機關（構）委託、補助、出資之個人或法人、機構或團體之人員或其分包廠商之人員，對用於軍事工程、財物或勞務採購之產製品或服務，知悉原產地、國籍或登記地係來自大陸地區、香港、澳門或境外敵對勢力，而爲交付或提供。由於該等軍事採購，既已由採購單位特別載明於招標文件爲禁止事項，而受本法管制，對於違反者，有特別施以刑事處罰之必要，以維護國家安全及軍事利益，爰爲第1項規定。

（三）第11條第1項第2款因履約屬軍用武器、彈藥、作戰物資等，攸關國家及軍事安全，其知悉違反規定而不實交付或提供，且足生損害於國家安全或軍事利益，惡性顯已重大，既已特別載明於招標文件，爲周延保護國家安全或軍事利益，即有以刑事處罰之必要，以達懲儆之效，爰爲第2項規定。

（四）違反第11條第1項第1款、第2款，其可能已從中獲取不當價差或涉及龐大之商業利益，爲避免其因不法行爲而獲利，及達到懲儆之效，爰爲第3項規定，明定罰金上限得視不法利益爲彈性調整。

（五）考量犯第1項或第2項之罪對國家安全及軍事利益危害重大，爲鼓勵行爲人自新，如有自首、自白者，甚至因而查獲其他正犯或共犯，或防止國家安全或軍事利益受到重大危害情事者，分別爲得減輕或免除其刑，或減輕或免除其刑等，以符合減免刑責之比例原則，爰爲第4項及第5項規定。惟於偵查審判中翻異供述內容者，不符減刑以利自新之精神，爰第5項規定於偵查中及歷次審判中均自白者，始得減免刑責。

（六）爲更周延保障國家安全與軍事利益不受侵害，及課予企業負有監督防止其員工不法侵害，並使企業更加重視法令遵循與改善措施，爰爲第6項規定。

二、說明

此爲違反第11條之罰則規定，爰請參照。

第十三條
軍公教及公營機關（構）人員，於現職（役）或退休（職、伍）後，有下列情形之一者，喪失其請領退休（職、伍）給與之權利；其已支領者，應追繳之：
一、犯內亂、外患罪，經判刑確定。
二、犯第七條、第八條之罪、或陸海空軍刑法違反效忠國家職責罪章、國家機密保護法第三十二條至第三十四條、國家情報工作法第三十條至第三十一條之罪，經判處有期徒刑以上之刑確定。
前項應追繳者，應以實行犯罪時開始計算。

一、2022年5月20日修正理由

（一）條次變更。
（二）第1項第2款配合修正條文第7條、第8條修正。
（三）第2項未修正。

二、2019年6月19日修正制定理由

（一）本條新增。
（二）支領各種退休（職、伍）給與人員，於其現職（役）時或退休（職、伍）後，犯內亂、外患罪，經判刑確定；或有犯本法第5條之1之罪（即現行條文第7條）、或犯陸海空軍刑法違反效忠國家職責罪章、國家機密保護法第32條至第34條、國家情報工作法第30條至第31條之罪，經判處有期徒刑以上之刑確定，均已違背對國家忠誠之義務，危害國家安全。若使其得領受國家給付之退休（職、伍）給與，嚴重違反公平正義，爰於第1項規定是類人員應喪失其

請領退休（職、伍）給與之權利，其已支領者，應追繳之。上述退休（職、伍）給與包括依法支給之退休（職、伍）金、退休俸、資遣給與、優惠存款利息、公教人員退休金其他現金給與補償金發給辦法之補償金，以及政府撥付之退撫基金費用本息或公提離職儲金等相關退離給與。

（三）支領各種退休（職、伍）給與人員犯前項各款之罪後，至經判刑確定前，仍得領受退休（職、伍）給與，已嚴重違反公平正義，爰於第2項規定前項應追繳退休（職、伍）給與者，以其實行犯罪時開始計算，作爲核算追繳的基準點。

三、問題探討

軍公教又成原罪；因其執行業務關係，軍公人員或許可以理解，但老師也被框進來，只能說，領國家薪俸的職業要小心。

第十四條

無正當理由拒絕或逃避依第五條規定所實施之檢查者，處六月以下有期徒刑、拘役或科或併科新臺幣一萬五千元以下罰金。

2022年5月20日修正理由

一、條次變更。

二、配合原條文第4條變更條次爲第5條，爰爲修正。

第十五條

違反第六條第二項未經申請許可無故入出管制區經通知離去而不從者，處六月以下有期徒刑、拘役或科或併科新臺幣一萬五千元以下罰金。

違反第六條第三項禁建、限建之規定，經制止而不從者，處六月以下有期徒刑、拘役或科或併科新臺幣一萬五千元以下罰金。

2022年5月20日修正理由

一、條次變更。

二、配合原條文第5條變更條次爲第6條，爰爲第1項、第2項修正。

第十六條

非現役軍人，不受軍事審判。

2022年5月20日修正理由

條次變更，內容未修正。

第十七條

戒嚴時期戒嚴地域內，經軍事審判機關審判之非現役軍人刑事案件，於解嚴後依下列規定處理：

一、軍事審判程序尚未終結者，偵查中案件移送該管檢察官偵查，審判中案件移送該管法院審判。

二、刑事裁判已確定者，不得向該管法院上訴或抗告。但有再審或非常上訴之原因者，得依法聲請再審或非常上訴。

三、刑事裁判尚未執行或在執行中者，移送該管檢察官指揮執行。

2022年5月20日修正理由

一、條次變更。

二、將序文之「左列」修正爲「下列」，以符法制體例，其餘各款未修正。

第十八條

第七條第一項及其未遂犯之案件，其第一審管轄權屬於高等法院。

第八條第一項至第三項之案件，其第一審管轄權屬於智慧財產及商業法院。

與第八條第一項至第三項之案件有裁判上一罪或刑事訴訟法第七條第一款所定相牽連關係之第一審管轄權屬於高等法院之其他刑事案件，經檢察官起訴或合併起訴者，應向智慧財產及商業法院為之。

本法中華民國一百十一年五月二十日修正之條文施行前第五條之一第一項及其未遂犯之案件已繫屬於法院者，不適用第一項規定。

2022年5月20日修正理由

一、本條新增。

二、鑑於內亂、外患及妨害國交罪之案件侵害國家法益，情節重大，宜速審速結，以維國家對內之統治、對外之存立與尊嚴，刑事訴訟法第4條就上開案件即規定第一審管轄權屬於高等法院。

三、修正條文第7條第1項規範意圖危害國家安全或社會安定，爲大陸地區或大陸地區以外，發起、資助、主持、操縱、指揮或發展組織之行爲，雖爲內亂、外患及妨害國交罪以外之行爲態樣，然國家法益受侵害之程度，實等同於內亂、外患及妨害國交罪。

四、國家核心關鍵技術之營業秘密之保護，不僅攸關我國高科技產業競爭優勢，更關乎整體經濟發展命脈與國家安全，涉及國家法益之維護。是修正條文第3條第1項規定，爲外國、大陸地區、香港、澳門、境外敵對勢力或其所設立或實質控制之各類組織、機構、團體或其派遣之人，不法侵害國家核心關鍵技術之營業秘密之行爲，及修正條文第3條第2項規定，意圖在外國、大陸地區、香港、澳門使用國家核心關鍵技術之營業秘密，而爲不法侵害之行爲，雖二者非屬內亂、外患及妨害國交罪之行爲態樣，然對國家法益之侵害程度，亦應等同視之。

五、經權衡國家安全、整體經濟發展命脈、產業競爭力與被告審級利益之保護結果，併考量審理國家核心關鍵技術之營業秘密案件之專業性要求，爰依法院組織法第32條第4款規定及智慧財產及商業法院組織法第3條第4款規定，並參考總統副總統選舉罷免法第110條及殘害人群治罪條例第6條等規定，於第1項明定修正條文第7條第1項有關意圖危害國家或社會安定，為大陸地區或大陸地區以外之發起組織等行為及其未遂犯之案件，第一審管轄權屬於高等法院管轄，於第2項明定修正條文第8條第1項至第3項有關侵害國家核心關鍵技術之營業秘密案件，第一審管轄權屬於智慧財產及商業法院管轄。

六、考量偵查實務上，對與修正條文第8條第1項至第3項之案件有裁判上一罪或刑事訴訟法第7條第1款所定相牽連關係之第一審管轄權屬於高等法院之其他刑事案件，檢察官起訴或合併起訴時，究應由高等法院管轄，抑或由智慧財產及商業法院管轄，因法無明文，易生疑義。審酌侵害國家核心關鍵技術之營業秘密之案件，涉及尖端技術營業秘密要件之判斷，具有高度專業性，且審理程序適用智慧財產案件審理法之相關配套制度，較為周延，爰於第3項規定管轄權歸屬，以杜爭議。

七、針對本法本次修正之條文施行前，犯第5條之1第1項之罪（包括其未遂犯）且已繫屬法院審理之案件，為保障被告之審級利益，應予排除第1項之適用，爰為第4項規定。至犯修正施行前第5條之1第1項之罪（包括其未遂犯），於本法修正施行後，始繫屬法院之案件，依程序從新原則，應適用第1項之規定，併予敘明。

八、至修正條文第7條第1項及其未遂犯之案件，與修正條文第8條第1項至第3項之案件，經檢察官偵查終結認應為不起訴之處分，因上開案件侵害國家法益，且均為最輕本刑3年以上有期徒刑之罪，應依刑事訴訟法第256條第3項規定，原檢察官應依職權逕送檢察總長再議。

第十九條

法院為審理違反本法之犯罪案件，得設立專業法庭或指定專股辦理。

2022年5月20日修正理由

一、本條新增。

二、因違反本法之犯罪，具有機敏性、專業性，設立專業法庭或指定專股辦理，較易累積國家安全相關專業知識或審判經驗，以達審理迅速、妥適，進而維護國家安全之立法目的，爰參考銀行法第138條之1、證券交易法第181條之1規定，增訂本條。

三、依司法院所訂頒之各級法院法官辦理案件年度司法事務分配辦法規定，辦理專業案件之法官應參與該專業案件有關之研習，培養辦理專業案件之能力，以達立法設立專業法庭或指定專人辦理之立法目的。再法院就專業案件設立專業法庭或指定專人辦理時，以複數庭數及法官人數爲原則，且事先以一般抽象規範明定案件分配規則，以減少干預審判之風險，維護法官之公平獨立審判，提升審判運作之效率；於國安案件設立專業法庭或指定專股辦理者，自應遵守相同原則，附此敘明。

第二十條

本法施行細則及施行日期，由行政院定之。

※重點提醒——國境安全檢查之意義與概念及特性

（一）有關國境安全之意義與概念：

1. 依國家安全法第5條規定，國境安全檢查之意義係指警察或海岸巡防機關於必要時，得依職權對下列人員、物品及運輸工具實施安全檢查：(1)入出境之旅客及其所攜帶的物件；(2)入出境之船舶、航空器或其他運輸工具；(3)航行境內之船筏、航空器及其客貨；(4)前兩款運輸工具之船員、機員、漁民或其他從業人員及其所攜帶之物件。
2. 國境安全檢查係因安全目的於國境所為之安全檢查行為，其概念涵括「安全檢查」及「國境檢查」兩大面向，分述如下：

(1)「安全檢查」可區分廣義與狹義的解釋：廣義的安全檢查包含一般行政機關之行政檢查；狹義的安全檢查，係指警察或海岸巡防機關為確保國家安全、維護社會安定，於必要時得依職權對入出國或航行境內之人員、物品及運輸工具實施檢查。

(2)「國境檢查」可區分廣義與狹義的解釋：廣義的國境檢查泛指行政機關依各該法令，對進出國境之人員、物品及運輸工具實施檢查之行為，例如：海關緝私檢查、移民證照查驗等；狹義的國境檢查，僅指警察或海岸巡防機關，本於國家安全法規賦予之國境管理權，為防止人員、物品或航行境內之人員、物品或運輸工具違法進出邊境，於必要時實施檢視查察，包括查驗身分、核對證照與艙單，使用儀器探測或用目視、觸碰、搜查等行為。

（二）依國家安全法第5條規定所實施之國境安全檢查，具有下列四項特性，分別羅列說明如下：

1. 具安全秩序目的性：其立法目的為確保國家安全、維護社會安定。
2. 具有干預性：在檢查程序中，不論是攔阻、詢問、檢查、進入交通工具、搜索等，皆涉及人民之自由與權利。
3. 具有強制性：除受檢查者自願配合之行為外，若不履行法令直接賦予之義務，則可以實力介入，以達成安檢任務。
4. 具有刑罰性：無正當理由拒絕或逃避國境安全檢查者，將處以刑罰進行懲處。

後記

筆者甚少採後記方式描述相關事項，然國安法著實令人不安。蓋因國安法本應以國家整體安全爲考量，可2022年之條文一修，全然是意識形態掛帥。內容些許空泛，其規定語意、構成要件、名詞定義、定罪率與其他法律關係（許多規定，相關法令已成文）及解釋空間等，充滿無限想像，基本上宣示性大於實質效果。可惜的是，堂堂一部重要法令，卻存在有不確定內容。

第六章

反滲透法

由於兩岸間的態勢一直未定，且大陸地區尚未放棄以武力侵臺之舉，對於如何防範大陸之侵擾爲國人所關注之焦點。然我國選舉密集，爲避免大陸介入我國選舉日深，以及大陸近日來對香港的作爲，興起一股反滲透、拒絕大陸的資（獻）金或捐贈等滲透作爲，以阻斷各種干預行爲。

第一節　立法總說明

近年境外敵對勢力全面加強對我國進行統戰、滲透，意圖影響選舉及危害我國社會秩序。而先進民主國家對於境外勢力在其境內從事滲透、破壞、干預等行爲，亦先後採取立法作爲加以因應。鑑於境外敵對勢力並未放棄對我國武力併吞，近來更加強對我國統戰滲透分化，影響國家安全及社會安定，實已造成我國國家主權及自由民主憲政秩序之嚴重威脅，亟有必要強化我國民主防衛法制。現行總統副總統選舉罷免法、公職人員選舉罷免法、政治獻金法、公民投票法及遊說法等法律，均禁止境外勢力從事相關活動，其立法目的係爲避免境外勢力介入干預我國民主政治運作及影響選舉。爲進一步防範滲透來源透過任何人干預我國民主政治運作，影響我國國家安全、利益與社會秩序，並強化我國自由民主憲政秩序之防衛及保障，爰擬具「反滲透法」，其要點如下：

一、任何人不得接受滲透來源之指示、委託或資助，進行捐贈政治獻金及影響選舉罷免、公民投票之行爲（第3條、第4條及第7條）。

二、任何人不得接受滲透來源之指示、委託或資助，進行遊說、以非法方式擾亂社會秩序，或妨害集會、遊行（第5條及第6條）。

三、法人、團體或其他機構犯本法之罪者，處罰其行為負責人；對該法人、團體、機構科以罰金（第8條）。

四、滲透來源從事第3條至第7條之行為，或指示、委託或資助他人從事違反第3條至第7條之行為，依各該條規定處斷之。任何人受滲透來源指示、委託或資助而再轉指示、委託或資助者，亦同（第9條）。

五、犯本法之罪者而自首或自白，減輕或免除其刑（第10條）。

六、各級政府機關知有違反本法規定之情事者，應主動移送或函送檢察或司法警察機關（第11條）。

第二節　條文內容及制定理由說明

第一條

為防範境外敵對勢力之滲透干預，確保國家安全及社會安定，維護中華民國主權及自由民主憲政秩序，特制定本法。

一、理由

（一）揭示本法之立法目的。

（二）近年境外敵對勢力全面加強對中華民國進行統戰、滲透，意圖影響我國選舉及危害我國社會秩序，實已造成中華民國主權及自由民主憲政秩序之嚴重威脅，亟有必要制定反滲透法，以強化防衛及保障。

二、問題探討

本法針對的是敵對勢力之干預與滲透之禁止，然干預與滲透並非只有敵對國家（我們亦不想永遠敵對）；換言之，非敵對國家之干預（協助可以，但不能過分干涉），我們要認同嗎？中華民國並非是世界上任一國家之傀儡，無論是敵對或非敵對國家，吾人應秉持著國家主權不容侵犯之事實。

第二條

本法用詞定義如下：

一、境外敵對勢力：指與我國交戰或武力對峙之國家、政治實體或團體。主張採取非和平手段危害我國主權之國家、政治實體或團體，亦同。

二、滲透來源：

（一）境外敵對勢力之政府及所屬組織、機構或其派遣之人。

（二）境外敵對勢力之政黨或其他訴求政治目的之組織、團體或其派遣之人。

（三）前二目各組織、機構、團體所設立或實質控制之各類組織、機構、團體或其派遣之人。

一、理由

明定本法所防範之境外敵對勢力與滲透來源之定義。

二、問題探討

（一）就境外敵對勢力定義來說，所指爲誰，心知肚明。然，在「一個中國」原則下，中國大陸已公開陳明，不放棄以武力犯臺；則，只要在國際上或公開場合上，明白說出或主張支持「一個中國」之國家或團體等，非屬境外敵對勢力嗎？一個中國與武力犯臺，幾可劃上等號。

（二）以和平手段危害我國國家主權，即非屬境外敵對勢力，頗令人好奇，因有時以和平手段（如在國際場合上發聲等）主張，傷害會更大，且傷害是立即性、持續性的。

（三）讓境外敵對勢力滲透進來才察覺，表「傷害已造成（查獲當可減少）、我們後知後覺」，情報工作不落實。不知認定之細部標準或基準何在？

第三條
任何人不得受滲透來源之指示、委託或資助，捐贈政治獻金，或捐贈經費供從事公民投票案之相關活動。
違反前項規定者，處五年以下有期徒刑，得併科新臺幣一千萬元以下罰金。

一、理由

為防範滲透來源透過任何人捐贈政治獻金及公民投票經費，規避相關法令，介入干預我國民主政治運作，不當影響選舉或公民投票，爰參酌政治獻金法第7條及公民投票法第20條等規定，任何人不得受其指示、委託或資助從事該等行為，並對於違反規定者處以刑罰。

二、說明

政治獻金，依政治獻金法第2條第1款，指對從事競選活動或其他政治相關活動之個人或團體，無償提供之動產或不動產、不相當對價之給付、債務之免除或其他經濟利益。但黨費、會費或義工之服務，不包括在內。本條最重要的當指受「滲透來源」之指示或贊助，而有任何經濟上之收取事實，或收取經費後進行投票上的活動，如支持特定人選、給予造勢活動之舉辦、印製宣傳文宣等之不可為。

三、問題探討

不知不在籍投票是否也是如此之心態？因許多人在大陸地區工作，易受干擾，罰不到、看不到；所以不放心採取此方式以符合憲法所保障的公民權。另政治獻金法第7條及公民投票法等既然已有規定，且違反事項該二法皆有處罰規定，何以要重複制定（罰金較多而已）？違反要件之認定上（最重要的是查出金錢之流向），也有一定程度的難題。本法採條文與罰則同列一起，感覺制定法令時很倉促。

四、相關法規

（一）政治獻金法第7條：「得捐贈政治獻金者，以下列各款以外之個人、政黨、人民團體及營利事業爲限：一、公營事業或政府持有資本達百分之二十之民營企業。二、與政府機關（構）有巨額採購或重大公共建設投資契約，且在履約期間之廠商。三、有累積虧損尚未依規定彌補之營利事業。四、宗教團體。五、其他政黨或同一種選舉擬參選人。但依法共同推薦候選人政黨，對於其所推薦同一組候選人之捐贈，不在此限。六、未具有選舉權之人。七、外國人民、法人、團體或其他機構，或主要成員爲外國人民、法人、團體或其他機構之法人、團體或其他機構。八、大陸地區人民、法人、團體或其他機構，或主要成員爲大陸地區人民、法人、團體或其他機構之法人、團體或其他機構。九、香港、澳門居民、法人、團體或其他機構，或主要成員爲香港、澳門居民、法人、團體或其他機構之法人、團體或其他機構。十、政黨經營或投資之事業。十一、與政黨經營或投資之事業有巨額採購契約，且在履約期間之廠商（第1項）。前項第三款所定累積虧損之認定，以營利事業前一年度之財務報表爲準（第2項）。第一項第七款至第九款所定主要成員，指下列各款所列情形之一：一、擔任本國團體或法人之董事長職務。二、占本國團體或法人之董事、監察人、執行業務或代表公司之股東等各項職務總名額超過三分之一以上者。三、占股份有限公司之股東權百分之三十以上或無限公司、兩合公司、有限公司之股東及一般法人、團體之社員人數超過三分之一以上者（第3項）。爲利政黨、政治團體及擬參選人查證所收受獻金，是否符合第一項規定，下列機關應將相關資料建置於機關網站，以供查詢；未建置之資料，政黨、政治團體及擬參選人得以書面請求查詢，受請求之機關，不得拒絕：一、第一項第一款、第三款、第七款至第九款有關事業部分、第十款：經濟部及相關業務主管機關。二、第一項第二款：行政院公共工程委員會、財政部。三、第一項第四款、第五款有關政黨部分、第六款、第七款至第九款有關個人及團體部分、第十一款：內政部。四、第一項第五款有關擬參選人部分，已依法完成登記之參選人：中央選舉委員會；有意登記參選者：監察院（第4項）。」

（二）公民投票法第20條：「公民投票案成立公告後，提案人及反對意見者，經許可得設立辦事處，從事意見之宣傳，並得募集經費從事相關活動，但不得接受下列經費之捐贈。其許可及管理辦法，由中央選舉委員會定之：一、外國團體、法人、個人或主要成員爲外國人之團體、法人。二、大陸地區人民、法人、團體或其他機構，或主要成員爲大陸地區人民之法人、團體或其他機構。三、香港、澳門居民、法人、團體或其他機構，或主要成員爲香港、澳門居民之法人、團體或其他機構。四、公營事業或接受政府捐助之財團法人（第1項）。前項募款人應設經費收支帳簿，指定會計師負責記帳保管，並於投票日後三十日內，經本人及會計師簽章負責後，檢具收支結算申報表，向中央選舉委員會申報（第2項）。收支憑據、證明文件等，應於申報後保管六個月。但於發生訴訟時，應保管至裁判確定後三個月（第3項）。中央選舉委員會對其申報有事實足認其有不實者，得要求檢送收支憑據或證明文件（第4項）。中央選舉委員會於收受收支結算申報四十五日內，應將申報資料彙整列冊，並刊登政府公報（第5項）。第一項辦事處不得設於機關（構）、學校、依法設立之團體、經常定爲投票所、開票所之處所及其他公共場所。但政黨之各級黨部及依人民團體法設立之社會團體、職業團體及政治團體辦公處，不在此限（第6項）。公民投票辦事處與辦事人員之設置辦法，由主管機關定之（第7項）。」

第四條

任何人不得受滲透來源之指示、委託或資助，為總統副總統選舉罷免法第四十三條或公職人員選舉罷免法第四十五條各款行為。

違反前項規定者，處五年以下有期徒刑，得併科新臺幣一千萬元以下罰金。

一、理由

（一）現行總統副總統選舉罷免法第50條及公職人員選舉罷免法第56條明定政黨及任何人不得邀請相關人士爲其從事競選活動，其立法目的係爲避免境外勢力介入影響選舉。

（二）爲防範滲透來源透過任何人從事競選活動，藉以規避相關法令，爰明定任何人不得受其指示、委託或資助，從事總統副總統選舉罷免法第43條、公職人員選舉罷免法第45條各款行爲，並對於違反規定者處以刑罰。

二、相關法規

（一）總統副總統選舉罷免法第43條：[1]「各級選舉委員會之委員、監察人員、職員、鄉（鎮、市、區）公所辦理選舉事務人員，於選舉公告發布後或罷免案宣告成立之日起，不得有下列行爲：一、公開演講或署名推薦爲候選人宣傳或支持、反對罷免案。二、爲候選人或支持、反對罷免案站台或亮相造勢。三、召開記者會或接受媒體採訪時爲候選人或支持、反對罷免案宣傳。四、印發、張貼宣傳品爲候選人或支持、反對罷免案宣傳。五、懸掛或豎立標語、看板、旗幟、布條等廣告物爲候選人或支持、反對罷免案宣傳。六、利用廣播電視、網際網路或其他媒體爲候選人或支持、反對罷免案宣傳。七、參與競選或支持、反對罷免案遊行、拜票、募款活動。」

（二）總統副總統選舉罷免法第50條：[2]「政黨及任何人，不得有下列情事：一、於競選或罷免活動期間之每日上午七時前或下午十時後，從事公開競選、助選或罷免活動。但不妨礙居民生活或社會安寧之活動，不在此限。二、於投票日從事競選、助選或罷免活動。三、妨害其他政黨或候選人競選活動；妨害其他政黨或其他人從事罷免

1　與公職人員選舉罷免法第45條內容相同。

2　與公職人員選舉罷免法第56條內容相同。

活動。四、邀請外國人民、大陸地區人民或香港、澳門居民為第四十三條各款之行為。但受邀者為候選人、被罷免人之配偶，其為第四十三條第二款之站台、亮相造勢及第七款之遊行、拜票而未助講者，不在此限。」

第五條
任何人不得受滲透來源之指示、委託或資助，進行遊說法第二條所定之遊說行為。
違反前項規定者，處新臺幣五十萬元以上五百萬元以下罰鍰。
違反第一項規定，就國防、外交及大陸事務涉及國家安全或國家機密進行遊說者，處三年以下有期徒刑，得併科新臺幣五百萬元以下罰金。
第二項所定之罰鍰，由遊說法第二十九條規定之機關處罰之。

一、理由

（一）現行遊說法第8條規定相關人士不得自行或委託其他遊說者進行遊說，其立法目的係為避免境外勢力介入影響我國法令、政策之過程及結果。鑑於滲透來源可能透過任何人為其進行遊說，影響我國法令、政策之過程及結果，爰明定任何人不得受其指示、委託或資助，從事遊說法第2條所定之各項遊說行為，並對於違反規定者處以行政罰。

（二）另現行遊說法第7條第2項規定外國政府等不得就國防、外交及大陸事務涉及國家安全或國家機密者進行遊說，因此任何人違反本條第1項規定，而就上述所定事務進行遊說，其情節較為嚴重，爰於第3項規定其刑責。

（三）由於本條係遊說法之特別規定，為明確其違反本條第2項行政罰之裁罰機關，爰於第4項規定依遊說法第29條所定之機關裁罰之。

二、相關法規

（一）遊說法第2條：「本法所稱遊說，指遊說者意圖影響被遊說者或其所屬機關對於法令、政策或議案之形成、制定、通過、變更或廢止，而以口頭或書面方式，直接向被遊說者或其指定之人表達意見之行爲（第1項）。本法所稱遊說者如下：一、進行遊說之自然人、法人、經許可設立或備案之人民團體或基於特定目的組成並設有代表人之團體。二、受委託進行遊說之自然人或營利法人（第2項）。本法所稱被遊說者如下：一、總統、副總統。二、各級民意代表。三、直轄市政府、縣（市）政府及鄉（鎮、市）公所正、副首長。四、政務人員退職撫卹條例第二條第一項所定之人員（第3項）。」

（二）遊說法第29條：「本法所定之罰鍰，由被遊說者所屬機關檢附具體事證，移送下列機關處罰之：一、具有總統、副總統、立法委員或屬於依政務人員退職撫卹條例第二條第一項所定人員身分者，由監察院爲之。二、前款情形以外者，由主管機關爲之（第1項）。監察院及主管機關爲裁處本法之罰鍰，亦得主動調查之（第2項）。」

第六條
任何人受滲透來源之指示、委託或資助，而犯刑法第一百四十九條至第一百五十三條或集會遊行法第三十一條之罪者，加重其刑至二分之一。

一、理由

爲防制滲透來源藉機滋事鼓動衝突對立，妨害社會秩序或妨害合法舉行之集會、遊行，爰明定任何人不得受其指示、委託或資助，而觸犯刑法第二編分則第七章妨害秩序罪其中之第149條至第153條，或集會遊行法第31條之罪者，加重其刑至二分之一。

二、相關法規

集會遊行法第5條：「對於合法舉行之集會、遊行，不得以強暴、脅迫或其他非法方法予以妨害。」

三、罰則

集會遊行法第31條：「違反第五條之規定者，處二年以下有期徒刑、拘役或科或併科新臺幣三萬元以下罰金。」

第七條

受滲透來源之指示、委託或資助，而犯總統副總統選舉罷免法第五章、公職人員選舉罷免法第五章或公民投票法第五章之罪者，加重其刑至二分之一。

一、**理由**：現行總統副總統選舉罷免法第五章、公職人員選舉罷免法第五章及公民投票法第五章規範妨害選舉罷免及公民投票等行爲之刑責規定，倘受滲透來源指示、委託或資助而犯之者，因對選舉及民主法治之危害重大，有加重其刑之必要。

二、**相關法規**：總統副總統選舉罷免法等三法之第五章，皆爲針對妨害選舉罷免等行爲之處罰。

第八條

法人、團體或其他機構違反第三條至第七條規定者，處罰其行為負責人；對該法人、團體或其他機構，並科以各條所定之罰金或處以罰鍰。

理由：違反第3條至第7條之法人、團體或其他機構及其行爲負責人均應受處罰，爰參考電子支付機構管理條例第44條至第46條、臺灣地區與大陸地區人民關係條例第79條之1、第79條之3等之立法例，於本條規定其科處之對象。

第九條

滲透來源從事第三條至第七條之行為，或指示、委託或資助他人從事違反第三條至第七條之行為，依各該條規定處斷之。任何人受滲透來源指示、委託或資助而再轉指示、委託或資助者，亦同。

理由：滲透來源從事第3條至第7條禁止之行爲，或指示、委託或資助自然人、法人、團體或其他機構違反第3條至第7條之規定者，依各該條規定處斷之；受其指示、委託或資助而再轉指示、委託或資助之中間人，具有相同之違法性，亦應予以處罰，爰明定本條之規定。

第十條

犯本法之罪自首或於偵查或審判中自白者，得減輕或免除其刑；自首並因而防止國家安全或利益受到重大危害情事者，免除其刑。

理由：違反本法之行爲影響國家安全或利益，且因具隱密特性，爲鼓勵犯本法之罪者認罪以降低偵查之難度，並減少對國家之危害，爰訂定本條之規定。

第十一條

各級政府機關知有違反第三條至第九條之情事者，應主動移送或函送檢察機關或司法警察機關偵辦。

理由：各級政府機關知有違反本法所定情事者，應有舉發之義務，爰明定應主動移送或函送檢察機關或司法警察機關偵辦。

第十二條
本法自公布日施行。

第三節 重點補充

國安五法修法重點，乃爲維護國家安全，防止境外敵對勢力之分化及紛擾，立法院於2019年後陸續通過中華民國刑法、國家安全法、臺灣地區與大陸地區人民關係條例（下稱兩岸人民關係條例）及國家機密保護法等五法修正案，稱之。[3]茲就其相關內涵略述如下。

一、中華民國刑法[4]

2019年5月7日修正（增訂），同年5月10日公布之兩條條文，分別爲：

（一）第113條

1. 第113條規定：「應經政府授權之事項，未獲授權，私與外國政府或其派遣之人爲約定，處五年以下有期徒刑、拘役或科或併科五十萬元以下罰金；足以生損害於中華民國者，處無期徒刑或七年以上有期徒刑。」
2. 理由：
(1) 原條文所定「應經政府授權之事項」，涵蓋所有行政管轄事項，適用範圍過廣；且兩岸人民關係條例對於兩岸往來應經政府許可之事項，已訂有相關規範及罰則，例如該條例第35條赴陸投資許可、第36條金

3 嚴格來說，應該只有四法，加上2020年之反滲透法，才算名符其實之國安五法。補充部分，針對其餘四法部分，臚列之。

4 刑法後續至2024年7月止，再修正約17次，涉及國安相關規定者，爲本次（2019年）修正內容，爰僅條列有關之條文。

融往來許可等，違反者可依該條例相關規定處罰，爰將原條文修正為「應經政府授權之事項，未獲授權」，以資明確。

(2) 行為人未獲授權而侵犯公權力，倘已足生損害於國家安全，由於該行為對於國家法益之侵害程度較高，有特別規範之必要，爰增列危險犯之處罰規定；並參考兩岸人民關係條例第79條之3第2項規定，將未達足生損害於中華民國之程度者，法定刑度修正為5年以下有期徒刑、拘役或科或併科50萬元以下罰金，以別輕重。

（二）第115條之1

1. 第115條之1規定：「本章之罪，亦適用於地域或對象為大陸地區、香港、澳門、境外敵對勢力或其派遣之人，行為人違反各條規定者，依各該條規定處斷之。」

2. 理由：

(1) 本條新增。

(2) 外患罪章現行各條涉及境外勢力者，係以「外國或其派遣之人」、「敵軍」或「敵國」等為其構成要件，在我國現行法制架構及司法實務運作下，以大陸地區、香港、澳門、境外敵對勢力或其派遣之人為對象犯本章之罪者，恐難適用各該條文，形成法律漏洞。為確保臺灣地區安全、民眾福祉暨維護自由民主之憲政秩序，爰增訂本條，明定本章之罪，亦適用於地域或對象為大陸地區、香港、澳門、境外敵對勢力或其派遣之人。

(3) 本條所稱「大陸地區」、「香港」、「澳門」依兩岸人民關係條例第2條第2款、香港澳門關係條例第2條第1項、第2項規定；本條所稱「境外敵對勢力」依通訊保障及監察法第8條規定。

(4) 行為人違反本章各條規定者，依各該條規定處斷之。舉例而言，有下列各款情形之一者，依所列之罪處斷：

A. 通謀大陸地區、香港、澳門、境外敵對勢力或其派遣之人，意圖使大陸地區、香港、澳門或境外敵對勢力對於中華民國開戰端者，依第103條處斷。

B. 通謀大陸地區、香港、澳門、境外敵對勢力或其派遣之人，意圖使中華民國領域屬於大陸地區、香港、澳門或境外敵對勢力者，依第104條處斷。

C. 中華民國人民在敵軍執役，或與敵國、大陸地區、香港、澳門或境外敵對勢力械抗中華民國或其同盟國者，依第105條處斷。

D. 在與大陸地區、香港、澳門或境外敵對勢力開戰或將開戰期內，以軍事上之利益供大陸地區、香港、澳門或境外敵對勢力，或以軍事上之不利益害中華民國或其同盟國者，依第106條處斷。

E. 在與大陸地區、香港、澳門或境外敵對勢力開戰或將開戰期內，無故不履行供給軍需之契約或不照契約履行者，依第108條處斷。

F. 洩漏或交付第109條第1項所定之文書、圖畫、消息或物品於外國、大陸地區、香港、澳門、境外敵對勢力或其派遣之人者，依第109條第2項處斷。

G. 公務員對於職務上知悉或持有前款之文書、圖畫、消息或物品，因過失而洩漏或交付大陸地區、香港、澳門或境外敵對勢力或其派遣之人者，依第110條處斷。

H. 應經政府授權之事項，未獲授權，私與外國政府、大陸地區、香港、澳門、境外敵對勢力或其派遣之人爲約定、足以生損害於中華民國者，依第113條處斷。

I. 受政府之委任，處理對於大陸地區、香港、澳門或境外敵對勢力之事務，而違背其委任，致生損害於中華民國者，依第114條處斷。

J. 僞造、變造、毀棄或隱匿可以證明中華民國對於大陸地區、香港、澳門或境外敵對勢力所享權利之文書、圖畫或其他證據者，依第115條處斷。

K. 在與大陸地區、香港、澳門或境外敵對勢力開戰或將開戰期內，以軍事上之利益供大陸地區、香港、澳門或境外敵對勢力，或以軍事上之不利益害中華民國或其同盟國者，而有下列情形之一者，依第107條處斷：

(A) 將軍隊交付大陸地區、香港、澳門或境外敵對勢力，或將要塞、軍港、軍營、軍用船艦、航空機及其他軍用處所建築物，與供中華民國軍用之軍械、彈藥、錢糧及其他軍需品，或橋梁、鐵路、車輛、電線、電機、電局及其他供轉運之器物，交付大陸地區、香港、澳門或境外敵對勢力或毀壞或致令不堪用者。

(B) 代大陸地區、香港、澳門或境外敵對勢力招募軍隊，或煽惑軍人使其降敵者。

(C) 煽惑軍人不執行職務，或不守紀律或逃叛者。

(D) 以關於要塞、軍港、軍營、軍用船艦、航空機及其他軍用處所建築物或軍略之秘密文書、圖畫、消息或物品，洩漏或交付於大陸地區、香港、澳門或境外敵對勢力者。

(E) 爲大陸地區、香港、澳門或境外敵對勢力之間諜，或幫助大陸地區、香港、澳門或境外敵對勢力之間諜者。

L. 未遂、預備或陰謀違反各條規定者，亦依各該條文規定處斷之。

二、國家機密保護法

2019年5月10日修正公布之第26條、第32條至第34條。

（一）第26條

1. 第26條規定：「下列人員出境，應經其（原）服務機關或委託機關首長或其授權之人核准：一、國家機密核定人員。二、辦理國家機密事項業務人員。三、前二款退離職或移交國家機密未滿三年之人員（第1項）。前項第三款之期間，國家機密核定機關得視情形延長之。延長之期限，除有第十二條第一項情形者外，不得逾三年，並以一次爲限（第2項）。」

2. 理由：

(1) 第1項第3款酌作標點符號修正。

(2) 爲基於維護國家安全及利益，對於涉及國家機密之相關人員，考量機密性質、內容、保密期限及相關人員出境造成洩漏之可能性等因素，加以合理適當之限制乃不得不容忍的必要之惡。

(3) 惟人民居住、遷徙之自由，乃受憲法第10條所保障，而此包括入出國境之權利（司法院釋字第558號解釋參照），是其限制應符合憲法第23條比例原則及法律保留原則。

(4) 從而第2項允許行政機關延長出境之管制期間，已實質變動法律所明定之限制。爰參考第11條第5項中段體例，於第2項後段明定延長出境管制之上限。

（二）第32條

1. 第32條規定：「洩漏或交付經依本法核定之國家機密者，處一年以上七年以下有期徒刑（第1項）。洩漏或交付前項之國家機密於外國、大陸地區、香港、澳門、境外敵對勢力或其派遣之人者，處三年以上十年以下有期徒刑（第2項）。因過失犯前二項之罪者，處二年以下有期徒刑、拘役或科或併科新臺幣二十萬元以下罰金（第3項）。第一項及第二項之未遂犯罰之（第4項）。預備或陰謀犯第一項或第二項之罪者，處二年以下有期徒刑（第5項）。犯前五項之罪，所洩漏或交付屬絕對機密者，加重其刑至二分之一（第6項）。」

2. 理由：

(1) 第1項未修正。

(2) 因應現時外國、大陸地區、香港、澳門、境外敵對勢力之威脅，以有效確保國家安全及利益，參酌刑法第109條第2項規定，爰增訂第2項之處罰規定，如國家機密洩漏或交付對象爲外國、大陸地區、香港、澳門、境外敵對勢力或其派遣之人者，不論其犯罪類型或管道，均應依本項論處。

(3) 第3項由原條文第2項過失犯之處罰規定移列修正。

(4) 第4項由原條文第3項未遂犯之處罰規定移列修正。

(5) 爲更有效之防範，參酌刑法第109條第4項規定，爰增訂第5項預備犯及陰謀犯之處罰規定。考量其行爲態樣與損害等因素，其刑度規範與過失犯之有期徒刑刑度相同。

(6) 考量洩漏或交付絕對機密者，足以使國家安全或利益遭受非常重大之損害，爰增訂第6項規定，加重其刑至二分之一。

（三）第33條

1. 第33條規定：「洩漏或交付依第六條規定報請核定國家機密之事項者，處五年以下有期徒刑（第1項）。洩漏或交付依第六條規定報請核定國家機密之事項於外國、大陸地區、香港、澳門、境外敵對勢力或其派遣之人者，處一年以上七年以下有期徒刑（第2項）。因過失犯前二項之罪者，處一年以下有期徒刑、拘役或科或併科新臺幣十萬元以下罰金（第3項）。第一項及第二項之未遂犯罰之（第4項）。預備或陰謀犯第一項或第二項之罪者，處一年以下有期徒刑（第5項）。犯前五項之罪，所洩漏或交付屬擬訂等級爲絕對機密之事項者，加重其刑至二分之一（第6項）。」

2. 理由：

(1) 第1項未修正。

(2) 因應現時外國、大陸地區、香港、澳門、境外敵對勢力之威脅，以有效確保國家安全及利益，參酌刑法第109條第2項規定，爰增訂第2項之處罰規定，如依第6條應報請核定國家機密之事項，洩漏或交付對象爲外國、大陸地區、香港、澳門、境外敵對勢力或其派遣之人者，不論其犯罪類型或管道，均應依本項論處。

(3) 第3項由原條文第2項過失犯之處罰規定移列修正。

(4) 第4項由原條文第3項未遂犯之處罰規定移列修正。

(5) 爲更有效之防範，參酌刑法第109條第4項規定，爰增訂第5項預備犯及陰謀犯之處罰規定。考量其行爲態樣與損害等因素，其刑度規範與過失犯之有期徒刑刑度相同。

(6) 考量洩漏或交付屬擬訂等級爲絕對機密之事項者，足以使國家安全或利益遭受非常重大之損害，爰增訂第6項規定，加重其刑至二分之一。

（四）第34條

1. 第34條規定：「刺探或收集經依本法核定之國家機密者，處五年以下有期徒刑（第1項）。刺探或收集依第六條規定報請核定國家機密之事項者，處三年以下有期徒刑（第2項）。爲外國、大陸地區、香港、澳門、境外敵對勢力或其派遣之人刺探或收集經依本法核定之國家機密或依第六條規定報請核定國家機密之事項者，處一年以上七年以下有期徒刑（第3項）。前三項之未遂犯罰之（第4項）。預備或陰謀犯第一項、第二項或第三項之罪者，處一年以下有期徒刑（第5項）。犯前五項之罪，所刺探或收集屬絕對機密或其擬訂等級屬絕對機密之事項者，加重其刑至二分之一（第6項）。」
2. 理由：

(1) 第1項及第2項未修正。

(2) 因應現時外國、大陸地區、香港、澳門、境外敵對勢力之威脅，爰增訂第3項之處罰規定，如爲外國、大陸地區、香港、澳門、境外敵對勢力或其派遣之人刺探或收集經依本法核定之國家機密或依第6條規定報請核定國家機密之事項者，不論其犯罪類型或管道，均應依本項論處。

(3) 第4項由原條文第3項未遂犯之處罰規定移列修正。

(4) 爲更有效之防範，爰增訂第5項預備犯及陰謀犯之處罰規定。

(5) 考量刺探或收集屬絕對機密或其擬訂等級屬絕對機密之事項者，足以使國家安全或利益遭受非常重大之損害，爰增訂第6項規定，加重其刑至二分之一。

三、兩岸人民關係條例（兩次修正）[5]

2019年7月3日修正（增訂）公布第9條、第9條之3及第91條；2022年5月20日修正第9條、第40條之1、第91條、第93條之1、第93條之2。

（一）第9條：「臺灣地區人民進入大陸地區，應經一般出境查驗程序

[5] 另實質探討內容可另參考拙著，移民法規，2024年3版，元照出版，此處僅將條文列出。

（第1項）。主管機關得要求航空公司或旅行相關業者辦理前項出境申報程序（第2項）。臺灣地區公務員，國家安全局、國防部、法務部調查局及其所屬各級機關未具公務員身分之人員，應向內政部申請許可，始得進入大陸地區。但簡任第十職等及警監四階以下未涉及國家安全、利益或機密之公務員及警察人員赴大陸地區，不在此限；其作業要點，於本法修正後三個月內，由內政部會同相關機關擬訂，報請行政院核定之（第3項）。臺灣地區人民具有下列身分者，進入大陸地區應經申請，並經內政部會同國家安全局、法務部及大陸委員會及相關機關組成之審查會審查許可：一、政務人員、直轄市長。二、於國防、外交、科技、情報、大陸事務或其他相關機關從事涉及國家安全、利益或機密業務之人員。三、受前款機關委託從事涉及國家安全、利益或機密公務之個人或法人、團體、其他機構之成員。四、前三款退離職或受委託終止未滿三年之人員。五、縣（市）長。六、受政府機關（構）委託、補助或出資達一定基準從事涉及國家核心關鍵技術業務之個人或法人、團體、其他機構之成員；受委託、補助、出資終止或離職未滿三年者，亦同（第4項）。前二項所列人員，進入大陸地區返臺後，應向（原）服務機關、委託、補助或出資機關（構）通報。但直轄市長應向行政院、縣（市）長應向內政部、其餘機關首長應向上一級機關通報（第5項）。第四項第二款至第四款及第六款所列人員，其涉及國家安全、利益、機密或國家核心關鍵技術之認定，由（原）服務機關、委託、補助、出資機關（構），或受委託、補助、出資之法人、團體、其他機構依相關規定及業務性質辦理（第6項）。第四項第四款所定退離職人員退離職或受委託終止後，應經審查會審查許可，始得進入大陸地區之期間，原服務機關、委託機關或受委託法人、團體、其他機構得依其所涉及國家安全、利益、機密及業務性質增加之（第7項）。曾任第四項第二款人員從事涉及重要國家安全、利益或機密業務者，於前項應經審查會審查許可之期間屆滿後，（原）服務機關得限其在進入大陸地區前及返臺後，仍應向（原）服務機關申報（第8項）。遇有重大突發事件、影響臺灣地區重大利益或於兩岸互動有重大危害情形者，得經立法院議決由行政院公告於一定期間內，對臺灣地區人民進入大陸地區，採行禁止、限制或其他必要之處置，立法院如於會期內一個月未爲決議，視爲同意；但情況急迫者，得於事後追認之（第9項）。臺灣地區人民進入大陸地區者，不得從事妨害國家安全或利益之活動（第10項）。本條例所稱國家核心關鍵技術，指國家安全法第三條第三項所定之國家核心關鍵技術（第11項）。第二項申報程序、第三項、第四項許可辦法及第五項通報程序，由內政部擬訂，報請行政院核定之（第12項）。第四項第六款所定受委託、補助或出資之一定基準及其他應遵行事項之辦法，由國家科學及技術委員會會商有關機關定之（第13項）。第八項申報對象、期間、程序及其他應遵行事項之辦法，由內政部定之（第14項）。」

（二）第9條之3：「曾任國防、外交、大陸事務或與國家安全相關機關之政務副首長或少將以上人員，或情報機關首長，不得參與大陸地區黨務、軍事、行政或具政治性機關（構）、團體所舉辦之慶典或活動，而有妨害國家尊嚴之行爲（第1項）。前項妨害國家尊嚴之行爲，指向象徵大陸地區政權之旗、徽、歌等行禮、唱頌或其他類似之行爲（第2項）。」

（三）第40條之1：「大陸地區之營利事業或其於第三地區投資之營利事業，非經主管機關許可，並在臺灣地區設立分公司或辦事處，不得在臺從事業務活動；其分公司在臺營業，準用公司法第十二條、第十三條第一項、第十五條至第十八條、第二十條第一項至第四項、第二十一條第一項及第三項、第二十二條第一項、第二十三條至第二十六條之二、第二十八條之一、第三百七十二條第一項及第五項、第三百七十八條至第三百八十二條、第三百八十八條、第三百九十一條、第三百九十二條、第三百九十三條、第三百九十七條及第四百三十八條規定（第1項）。前項大陸地區之營利事業與其於第三地區投資之營利事業之認定、基準、許可條件、申請程序、申報事項、應備文件、撤回、撤銷或廢止許可、業務活動或營業範圍及其他應遵行事項之辦法，由經濟部擬訂，報請行政院核定之（第2項）。」

（四）第91條：「違反第九條第二項規定者，處新臺幣一萬元以下罰鍰（第1項）。違反第九條第三項或第九項行政院公告之處置規定者，處新臺幣二萬元以上十萬元以下罰鍰（第2項）。違反第九條第四項規定者，處新臺幣二百萬元以上一千萬元以下罰鍰（第3項）。具有第九條第四項第三款、第四款或第六款身分之臺灣地區人民，違反第九條第五項規定者，得由（原）服務機關、委託、補助或出資機關（構）處新臺幣二萬元以上十萬元以下罰鍰（第4項）。違反第九條第八項規定，應申報而未申報者，得由（原）服務機關處新臺幣一萬元以上五萬元以下罰鍰（第5項）。違反第九條之三規定者，得由（原）服務機關視情節，自其行爲時起停止領受五年之月退休（職、伍）給與之百分之五十至百分之百，情節重大者，得剝奪其月退休（職、伍）給與；已支領者，並應追回之。其無月退休（職、伍）給與者，（原）服務機關得處新臺幣二百萬元以上一千萬元以下罰鍰（第6項）。前項處罰，應經（原）服務機關會同國家安全局、內政部、法務部、大陸委員會及相關機關組成之審查會審認（第7項）。違反第九條之三規定者，其領取之獎、勳（勛）章及其執照、證書，應予追繳註銷。但服務獎章、忠勤勳章及其證書，不在此限（第8項）。違反第九條之三規定者，如觸犯內亂罪、外患罪、洩密罪或其他犯罪行爲，應依刑法、國家安全法、國家機密保護法及其他法律之規定處罰（第9項）。」

（五）第93條之1：「有下列情形之一者，由主管機關處新臺幣十二萬元以上二千五百萬元以下罰鍰，並得限期命其停止、撤回投資或改正，必要時得停止其股東權利；屆期仍未停止、撤回投資或改正者，得按次處罰至其停止、撤回投資或改正爲止；必要時得通知登記主管機關撤銷或廢止其認許或登記：一、違反第七十三條第一項規定從事投資。二、將本人名義提供或容許前款之人使用而從事投資（第1項）。違反第七十三條第四項規定，應申報而未申報或申報不實或不完整，或規避、妨礙、拒絕檢查者，主管機關得處新臺幣六萬元以上二百五十萬元以下罰鍰，並限期命其申報、改正或接受檢查；屆期仍未申報、改正或接受檢查者，並得按次處罰至其申報、改正或接受檢查爲止（第2項）。依第七十三條第一項規定經許可投資之事業，違反依第七十三條第三項所定辦法有關轉投資之規定者，主管機關得處新臺幣六萬元以上二百五十萬元以下罰鍰，並限期命其改正；屆期仍未改正者，並得按次處罰至其改正爲止（第3項）。投資人或投資事業違反依第七十三條第三項所定辦法規定，應辦理審定、申報而未辦理或申報不實或不完整者，主管機關得處新臺幣六萬元以上二百五十萬元以下罰鍰，並得限期命其辦理審定、申報或改正；屆期仍未辦理審定、申報或改正者，並得按次處罰至其辦理審定、申報或改正爲止（第4項）。投資人之代理人因故意或重大過失而申報不實者，主管機關得處新臺幣六萬元以上二百五十萬元以下罰鍰（第5項）。違反第一項至第四項規定，其情節輕微者，得依各該項規定先限期命其改善，已改善完成者，免予處罰（第6項）。」

（六）第93條之2：「有下列情形之一者，處行爲人三年以下有期徒刑、拘役或科或併科新臺幣一千五百萬元以下罰金，並自負民事責任；行爲人有二人以上者，連帶負民事責任，並由主管機關禁止其使用公司名稱：一、違反第四十條之一第一項規定未經許可而爲業務活動。二、將本人名義提供或容許前款之人使用而爲業務活動（第1項）。前項情形，如行爲人爲法人、團體或其他機構，處罰其行爲負責人；對該法人、團體或其他機構，並科以前項所定之罰金（第2項）。第四十條之一第一項所定營利事業在臺灣地區之負責人於分公司登記後，將專撥其營業所用之資金發還該營利事業，或任由該營利事業收回者，處五年以下有期徒刑、拘役或科或併科新臺幣五十萬元以上二百五十萬元以下罰金，並應與該營利事業連帶賠償第三人因此所受之損害（第3項）。違反依第四十條之一第二項所定辦法之強制或禁止規定者，處新臺幣二萬元以上二百五十萬元以下罰鍰，並得限期命其停止或改正；屆期未停止或改正者，得按次處罰（第4項）。」

四、國家安全法

主要爲第2條之1、第2條之2、第5條之1及第5條之2（可參考本書第五章條文說明）。

後記一

經由上開有關法規說明，不知讀者有無跟筆者相同的感覺；類此相同的規定，何不彙整成單一法規，而散見於不同的法令篇章？有點爲當時之「時空背景下」有所交待（交差了事）而寫，都是民粹、意識形態所造成之結果。最基本地，國家安全強調的是敵人勢力內透至國家中，反滲透法之內容應移至國安法（該法第5條、第6條及第11條等，應回歸權責單位之主管法令內），整合（併）爲一才是。

後記二

2024年（可參閱7月31日、10月23日聯合報），有多起涉及反滲透法案件，如花蓮縣海峽兩岸少數民族交流協會涉嫌接受中共廣西臺辦資助案（法院分別宣判李男5月、郭女4月有期徒刑，緩刑5年），以及彰化縣和美鎮18人接受招待至大陸東莞旅遊案（法院初審判鄭姓退休員警及蔡姓里長無罪），另有多起退伍軍人涉及爲大陸吸收成爲共諜或洩漏重要情資等違反相關法令案件，站在維護國家安全之高度，吾人絕對支持；惟法條內容充滿不確定性，是否成爲打壓政敵工具，頗令人玩味。

第四篇

各論與實務

第七章
恐怖主義概論

第一節　前言

近幾十年來，世界各國發生幾起嚴重的恐怖攻擊事件，如2008年11月26日深夜至27日凌晨，印度金融與商業首都孟買南區，遭恐怖分子以自動武器、炸彈和手榴彈，同步針對許多地點進行攻擊，造成至少400人以上的傷亡；[1]而位於阿富汗首都喀布爾的印度駐阿富汗大使館外，於同年7月7日發生自殺炸彈襲擊事件，造成41人死亡，另有141人受傷；印度西部拉吉斯坦省有「紅粉城市」之稱的首府齋浦爾（Jaipur）亦於同年5月13日發生6起至8起連環爆炸案，前後相隔不到10分鐘，至少造成60人喪生，約200人受傷。

菲律賓南部三寶顏一個軍事基地於2008年5月29日發生炸彈爆炸事件，造成3人死亡，至少18人受傷；[2] 2007年12月27日，巴基斯坦前總理碧娜芝．布托（Benazir Bhutto）於軍事重鎮拉瓦平的一場遊行中遭到攻擊，送醫後不治。早前同年10月間布托返國的遊行中也曾遭到炸彈攻擊，造成140名巴基斯坦民眾死亡。[3] 2005年7月7日倫敦地鐵爆炸案，至少37人死亡，受傷人數達700人；2002年10月12日印尼的渡假勝地峇里島爆炸案，讓人記憶猶新，造成202人（多為西方遊客）死亡，多人受傷，將原本的歡樂地轉變為人間地獄；2001年美國九一一攻擊事件，致死傷無數，驚恐的畫面透過媒體傳送，震驚全世界；2015年青年黨襲擊肯亞東北部莫伊（Moi）大學，造成142名學生在內共148名人員死亡；同年10月10日土

1　中國時報，2008年12月27日，頭版。

2　中國評論新聞網，http://www.chinareviewnews.com，查閱日期：2024/4/15。

3　聯合報，2007年12月28日，頭版。

耳其首都安卡拉火車站附近發生兩起自殺式爆炸襲擊事件，至少有102人死亡，200多人受傷；另同年11月13日巴黎攻擊事件；2017年8月17日巴塞隆納麵包車衝撞人群，造成13人死亡，超過80人以上受傷等。

而每年類此案件層出不窮，世人無不對恐怖主義（分子）抱持著恐懼與質疑的態度：究竟這些人的攻擊目的爲何？誰是恐怖分子？何爲恐怖組織？會不會有核子恐怖攻擊的可能等。本文的目的，即在於針對恐怖主義的組成、目的、方法、策略等作一描述，並對其與核子武器的關聯性進行分析，俾未來就其發展或對策之研擬能有更深一層的理解。

第二節　恐怖主義的定義、起因及目的

雖然關於恐怖主義之定義、起因等，國內外學者已有相關見解，但筆者認爲，仍有必要對其再加以檢視之必要。

一、定義

實際上，依照學者的看法，早在西元1世紀的時候，就已經有所謂的恐怖活動了（Martin, 2006: 1）。然而，對於何謂恐怖主義，目前學界與實務界對此之定義莫衷一是，沒有統一的見解。拉奎爾（Walter Laqueur）認爲恐怖主義會隨歷史而改變其意義，因此很難對其下定義（Laqueur, 2000: 8-10）；施密特（Alex Schmid）認爲恐怖主義是一個概念而非一實體（Schmid, 1983: 77-103）；貝克（Tal Becker）認爲，所有的定義都有某種程度的規避（elusive），都有其中心意義及不確定性。尋求大家一致接受的定義，永遠是一件複雜的工作（Becker, 2006: 84-85）；皮爾斯坦（Richard Pearlstein）則以爲一般對於恐怖主義的了解太過於模糊、寬廣及過分簡單。定義恐怖主義是技術性議題，非情感上的。恐怖主義也許可以定義爲人民叛亂的特別形式，以使用或威脅使用暴力，並在政府層級之下，來對抗特定象徵的目標或犧牲者（Pearlstein, 2004: 1-3）；弗萊徹（George Fletcher）則認爲要定義恐怖主義需考量三

個要點，包括：確認犧牲者、犯罪者及與正義原因的關聯性（Fletcher, 2008）。雖然目前對於恐怖主義並沒有一大家所共同接受的定義，本文仍試著提出以下幾個學者對恐怖主義定義的看法：

（一）皮爾拉（Paul Pillar）認爲恐怖主義是：1.政治上的活動；2.目標是在平民；3.由次級團體所執行；4.事先已有規劃（Pillar, 2001）。

（二）馬丁（Gus Martin）之見解爲恐怖主義很難下定義，但他仍認爲恐怖主義至少有以下幾個特性：1.政治上所引起的暴力；2.首要目標爲「軟性目標」，包括平民或政府官員；3.企圖影響大眾（Martin, 2006: 11-12）。

（三）蒂勒瑪（HerBert Tillema）認爲恐怖主義代表著一宣傳上的問題，以暴力相向於非戰鬥人員與財產，影響政治上的態度及行爲，達成「人盡皆知」（publicity）（Ghosh eds., 2002: 14-16）。

（四）美國於1983年由檢察總長所發布之調查國內恐怖主義等犯罪之標準，有下列4項對恐怖主義之規範及認定標準：1.使用暴力，但只要有可能發生或計將發生之暴力亦屬暴力範圍；2.有政治方面之動機；3.針對非法之組織活動，而非個人之犯罪；4.必須能確認有對此一恐怖事件負責之某一組織（Smith, 1994: 5-16）。

（五）美國FBI之定義：使用嚴重暴力以攻擊人或財產，或威脅使用類似暴力來威嚇或強迫政府、大眾、任何部門，爲了提升政治、社會或意識形態上的目的（White, 2005: 6）。

基本上，上述學者間的看法，雖然意見不一，但皆有幾個共通性，筆者將之歸納，並以此視爲是對恐怖主義定義之綜合，其共同處有：（一）暴力之使用；（二）以人或財產爲目標；（三）一定的目的或動機。

二、起因

對於恐怖主義的源起，學者及專家的看法如同對定義之看法，仍有些許不同，依照克倫肖（Martha Crenshaw）的見解，造成恐怖主義的原因有：（一）某些團體爲強調其存在的痛苦與爭取平等的自主權；（二）缺乏政治的參與；（三）菁英的不滿結果；（四）突發事件的影響

（Kegley, ed., 2003: 94-106）。學者馬丁則認爲恐怖主義的發生動機有很多可能，但是，決定採用暴力的原因有：（一）某些團體爲強調其存在的痛苦與爭取平等的自主權，由邏輯選擇與政治上的策略；（二）集體的合理化結果；（三）缺乏政治參與的機會；（四）菁英的不滿（Martin, 2006: 79-108）。貝克的觀點，認爲有三大原因：（一）現代化的失敗；（二）文明的衝突；（三）原生（西方殖民擴張所帶來）和次級恐怖主義（對原生恐怖主義所施加的磨難與不公的絕望反應）（張舜芬譯，2005：115-121）。哈威爾（Llewellyn Howell）則認爲有4個因素：（一）人口數的增加；（二）財富與利益不相稱的增加；（三）宗教極端主義者的擴展；（四）技術與獲得此技術之機會增加（Kegley, ed., 2003: 177）。我們似可以匹茲奇維克斯（Dennis Piszkiewicz）的看法，試圖作爲本小點的結論，其認爲恐怖主義的發生動機包括：（一）反對美國的新殖民主義；（二）反對猶太復國主義和美國對以色列的支持；（三）宗教的因素（國防部譯，2007：228-230）。

三、目的

恐怖主義與我們日常所熟知的罪犯或犯罪者意義是不同的。其不同之處，依蒂勒瑪的看法，恐怖主義有其政治上的目的；而犯罪者主要是追求其個人物質上（material）的利益（Martin, 2006: 15）。而懷特（Jonathan White）對兩者間的看法整理如表7-1（White, 2005: 13）。

表 7-1　懷特對恐怖主義與犯罪之比較

	目標	信念	與政府官員的態度	面對武力	時機	訓練與否
恐怖主義	有確定目標	致力奉獻於信念	不會爲了違背信念而與政府官方有所妥協	面對面攻擊	信條出現，小心計畫後	預習及複習其行動
犯罪	無焦點	不以犯罪爲奉獻哲學	有時會爲了減少受罰而與官員有所妥協	逃跑	當機會出現時	很少有訓練

資料來源：筆者自行彙整。

因此，恐怖主義之存在，當然有其目的，以蓋達組織（Al Qaeda）爲例，其原則爲：（一）對文明的衝突、聖戰是宗教上的責任與解放人的心靈之回教徒必要的防禦手段；（二）只能有二方之存，在西方及回教國家無法了解眞正的回教者都是敵人；（三）暴力是唯一的手段，西方不可能存有和平；（四）由於西方和美國以經濟力量侵略，因此首要攻擊是以經濟爲主；（五）與西方合作之回教國家都必須要加以推翻；（六）因爲此爲聖戰，許多神學上的及合法的限制武器之使用都不適用（Pillar, 2001: 2-3）。從以上可知，其主要的目的在於與西方對立，建立屬於自己的回教世界。另外，有學者認爲，恐怖主義的目的在於達成政治上的效果（Fletcher, 2008: 16-18）。恐怖主義採取暴力的手段，並不僅僅在於傷害受害者而已，他們的目的是希望這種無法預期的暴力行爲會在一般大眾的心理上造成陰影，形成「恐怖」的不安全感（張亞中，2007：208）。另外，貝克認其目的爲：（一）復仇；（二）釋囚；（三）政治獨立；（四）削弱政府；（五）提升追隨者士氣；（六）宣揚訴求（張舜芬譯，2005：28）。英國政府認爲恐怖主義以嚴重暴力來對抗人或財產，意圖影響政府或威嚇大眾，其目的在進一步就政治上、宗教上或意識形態上產生一定的影響力（Freedman, ed., 2002: 9-10）。但也有學者認爲，恐怖主義是不同類型團體爲達成不同目的所加以運用的一種技巧（Collins, 2010: 352）。

綜合以上的看法，筆者認爲恐怖主義之目的可包含以下幾點：（一）達成其意識形態（成立宗旨）上的目的，包括宗教上、政治上或思想上的；（二）企圖影響大眾的觀感或視聽；（三）迫使政府對其政策作調整或改變；（四）凝聚追隨者的心。

第三節　恐怖主義的組織類型及財源

一、恐怖主義的組織類型

恐怖主義所面對的環境基本上是非常清晰的，因此，許多學者對於所處環境的不同，面對恐怖主義的類型也有不同的分類，如霍夫曼（Bruce

Hoffman）認爲，恐怖主義可分爲種族一國家主義者／分離主義者、國際的、宗教的及國內恐怖主義（Hoffman, 1998: 25-26）。斯諾登（Lynne Snowden）與惠特塞爾（Bradley Whitsel）在其所編著的書中，則將恐怖主義分爲國內恐怖主義、國際恐怖主義、崇拜式（cultic）的恐怖主義及隔代遺傳式（atavistic）的恐怖主義（Snowden and Whitsel, 2005: 1-7）。我們以馬丁的分類，對恐怖主義之類型作一簡單的描述（Martin, 2006: 49-50）：

（一）**國家恐怖主義**：此係指由某一在上（from above）政府所爲，以對抗已察覺（perceived）的敵人，可直接對付國際領域上或國內所存在的敵人。

（二）**分離恐怖主義**：從下（from below）之非政府運動者或團體所爲，以對抗政府、宗教團體、國內民族（ethno-national）團體及其他可察覺的敵人。

（三）**宗教恐怖主義**：受絕對信仰（absolute faith）所引起，且受超世俗（otherworldly）力量所認許及支配——應用恐怖主義以得到更光榮的信仰，亦即信仰者所堅稱的眞實信仰。

（四）**犯罪恐怖主義**：全然以利益爲主，或係利益與政治混合下所產生者，前者如義大利的黑手黨（Mafia），後者如斯里蘭卡之泰米爾之虎（Tamil Tigers），利用犯罪——政治上方式，以堆積利益來維持其行動。

（五）**國際恐怖主義**：涉及國際舞臺。目標之選擇，代表其在國際利益上的價值象徵，甚且在該國內或跨國間。

二、恐怖主義的財源

要執行恐怖主義，當然要有相對的財務來源，各項武器、裝備、通訊器材等，皆須要有財務支援。李文斯頓（Neil Livingstone）解釋道，也許製造一顆炸彈沒有多少錢，但是經營一個恐怖組織就可能需要一大筆錢（Livingstone and Arnold, 1988）。亞當斯（James Adams）的《恐怖分子的財務》一書中，認爲大部分恐怖分子組織是獨立於國家之外的，他們有其獨立財源網絡支持其行動，並認爲最好攻擊恐怖主義之手段乃對其財務結構進行破壞（Adams, 1986）。

究竟這些恐怖主義的財源何處來？以巴勒斯坦解放組織（以下簡稱PLO）爲例（White, 2005: 65-67），PLO於1970年代建立一經濟翼稱爲Samed。Samed爲PLO重要的財務單位，提供PLO資金以執行許多的計畫，而Samed也發展成合理的商業結構以支持PLO。其組織總部雖於1982年以色列入侵黎巴嫩後遭到破壞，而搬至突尼西亞、阿爾及利亞等，然其經營農場及工廠，變成中東地區一個堅實的經濟力量。

依照亞當斯的研究，他認爲恐怖組織之財務來源有不同的類型：中東地區之恐怖分子會採用走私及僞造文件；中亞之恐怖組織會以非法武器、洗錢及販毒；拉丁美洲之恐怖組織則以毒品製造及貪污；美國本土之恐怖組織則會以詐欺及搶劫方式獲取資金（Pillar, 2001: 268）。

FBI曾估計地下經濟每年大約爲5,000億美元，而此地下經濟需要秘密組織，恐怖組織因而發現有許多企業可提供藏錢之所在（White, 2005: 68）。

阿布札（Zachary Abuza）認爲有下列7種方式爲恐怖組織之財務來源：（一）宗教團體捐贈；（二）投資；（三）犯罪；（四）直接的給予；（五）從特殊管道獲取；（六）某一國家；（七）假冒企業方式以蒐集或藏匿金錢（Abuza, 2003）。

前曾提到洗錢爲財務來源管道之一，依學者的研究，目前全球盛行的洗錢及利用移民者（如短期勞工）把錢匯回（send money home）原屬國，成爲恐怖主義者利用以提供相當的資金流動之方式，且有越來越普遍的趨勢。而如何掌握資金的流向及匯出、匯入者之身分資料，進而找出及沒收財務，確認恐怖分子、集團及其贊助者，成爲各國努力建立切斷其財源、打擊恐怖主義的新管道。歐盟成立所謂的防制洗錢金融行動工作組織（Financial Action Task Force, FATF），即是負責調查洗錢與恐怖主義者間財務之連結情形（Vlcek, 2008: 286-302）。

值得一提的是，全球化對整個世界的影響，因全球化是建立在對全球貿易障礙的消除以增進商業及工業發展成國際自由貿易，恐怖主義自然而然必須配合全球化的腳步，利用此一契機改變或增加其財務來源方式（White, 2005: 73）。

第四節　恐怖組織的行動方法及策略

一、行動方法

關於恐怖組織的行動方法，最簡單的就是以「炸彈」攻擊的方式。如以炸彈取得飛機主控權；再如九一一攻擊事件，將飛機當成一具炸彈。詹金斯（Brian Jenkins）認爲恐怖組織所採取的行動方法有6種，包括：炸彈攻擊、劫機、縱火（arson）、毒氣或毒物攻擊、綁架及以人質爲脅。近來，恐怖組織的彈藥庫（arsenal）包括有大量的毀滅性武器，且其技術亦增強對炸彈的精進（Kushner, 1998: 225-249）。

巴克（Jonathan Barker）則認爲恐怖組織的行動方法有：（一）自殺炸彈攻擊；（二）綁架；（三）挾持人質；（四）飛車搶劫；（五）預謀暗殺；（六）劫機（張舜芬譯，2005：28）。

基本上，恐怖分子的行動方法與日俱增，並且各恐怖分子間會相互學習、模仿以增強其顯著的力量。根據2004年的新科學人（New Scientist）雜誌報導，中東的恐怖分子已發展出兩種稱作迷你核武（mini-nukes）的炸彈。一種會在空中爆炸並燃燒；另一種叫作「熱鋇炸彈」（thermobaric bomb），其空中爆炸威力會覆蓋大片區域，殺傷力驚人（Hamblimg, 2004）。

未來會不會有「突破性」的行動方法出現，依照目前恐怖主義的發展看來，筆者認爲，有更精進的方法，如對於將核武器或生化武器以不知名的方式來加以使用，其震撼及殺傷力是較值得吾人擔憂的。另外，網路攻擊也是近年來發生的新型態恐怖攻擊，其衝擊性意識值得吾人擔憂及注意後續發展。

二、行動策略

如同先前所討論的，恐怖主義之存在有其一定的目的，而爲達到此目的，相關的方法之運用以有效達成目的顯得格外重要。然恐怖主義者使用暴力行爲，有時只是爲了恫嚇某一特定對象或一般大眾，以達到嚇阻（deterrence）對其不利的現象或行動。爰此，恐怖主義對自身的行動執行，必須透過一定的策略方式，以增強本身行爲能力，維持某方面的水準地位。劉壽軒先生認爲恐怖主義的行動策略爲：（一）以人民及國際社會爲對象，企圖以恐怖行動達到公開化，藉以提升和散播恐怖團體的存在與目標；（二）以恐怖活動進行「強制外交」策略，恐嚇及困擾當局，使其無法忍受而讓步；（三）藉恐怖活動來迫使人民選擇立場，並迫使政府增強鎮壓，從而促成社會對立與兩極化；（四）惡化國家間的關係，俾阻止不利於恐怖團體的政治諒解發生；（五）釋放同夥及獲取贖金；（六）藉恐怖暴力來鼓勵士氣，強化恐怖團體本身的內聚力（劉壽軒，1985：20-25）。依據學者的研究，恐怖主義最常運用的策略爲：（一）技術，例如透過對執行行動的武器之改進，以達到最大的效果；（二）採用跨國網絡的支持方式，在人力、物力、財力方面由他國支援其行動；（三）媒體的運用，如之前蓋達組織於影片中呈現血淋淋的殘殺人質畫面，藉由大眾媒體向全世界各地傳送，增加人們的驚慌，收其威嚇及攻擊的力量；（四）宗教的力量，利用同一信仰，引起信仰者對其行動的支持，產生心有同感之理（White, 2005: 9-10）。

三、武器的使用

恐怖分子爲達成目的，除上述方法及行動策略的運用外，武器的搭配選擇亦扮演十分重要角色。一般常見的武器計有步槍、炸彈（包括汽車炸彈、人體炸彈、詭雷等）、毒氣、飛彈、生化（戰）菌（如炭疽桿菌、漢他病毒等）、放射性物質、飛機炸彈（例如九一一攻擊事件即是）及大規模毀滅性武器（White, 2005: 99）。[4]比較另人擔憂的是，未來有核子武器（取得及運用）及生化武器的大量使用，甚或以電腦方式進行全球網路癱瘓的攻擊破壞（或是有其他不爲人所知的武器），其所造成的影響將是無法計算的，何以致現化恐怖主義值得吾人特別關注的地方即在此。本章將於後續討論有關核子武器與恐怖主義之關係。

第五節　恐怖主義與核子武器

一、核子武器

第二次世界大戰的加快結束，有一部分原因不得不歸功於原子彈。在原（核）子武器尚未問世前，傳統的戰爭總是打到最後一兵一卒，核子武器出現後，局勢整個扭轉變化。亦即，核子武器直接與人類的歷史存亡有關，一旦核子戰爭開打，人類可能就此滅絕，此乃核子武器之使用不得不愼重的原因所在。擁有核武國家，似乎是軍事強權的象徵，與此同時，發展核武究竟是好事還是壞事，還眞難以辨明。

冷戰期間，東西陣營對峙，「軍備競賽乃壓倒對方最有力的利器；1940年代、1950年代早期，美國在核武方面的實力遠勝蘇聯；蘇聯於1950年代中期後，全力發展核武。進入1960年代，美蘇二強已然接受二極的權力體系對峙事實」。

作爲武器之一，核武除有驚人的破壞力外，[5]另一方面，亦存在嚇阻的功效。也就是說，擁有它又避免使用它，其戰略性手段，並非在眞正地使用它。自第二次世界大戰後，國際間並無嚴重的衝突發生，這不得不歸功於「核武」的存在，係對強權國家行爲的一個制約因素。

蘇聯於1990年代初期瓦解，對國際核武安全最迫切的議題之一，即爲如何處理蘇聯瓦解後，所製造且留在各新興共和國之核子武器。而銷毀核

---

4 大規模毀滅性武器之使用，除了可造成重大傷亡外，亦可吸引注意、符合神的意旨、破壞經濟及影響敵人，這都是其使用目的。

5 造成數以萬計的人之傷亡並非是核子飛彈，而是核子彈頭。

武須大量經費、人力，此些新成立而尚不穩定的國家，存在著各種可能的危機，再加上管理不當、走私、人員與材料的輸往第三國家，有可能因此而流入恐怖主義者之手中；一旦落入他們的手中，會不會使用、如何運用、後續震撼效果如何，頗值得吾人關注。

二、恐怖主義者與核子武器的關係

2001年九一一攻擊事件以飛機爲炸彈體，被好萊塢作爲電影素材屢見不鮮。但在現實世界中，造成如此重大的影響卻是始料未及。吾人不禁要問，恐怖分子的下一步是小型核武攻擊嗎？恐怖分子將使用核武嗎？此些問題均是討論有關恐怖分子的議題。在嘗試其他方法與策略或變得更有經驗、世故及聰明後，恐怖分子是有可能運用核武的威脅，並且將核武威脅合理性地結合動機、物質及相關專業知識。動機對恐怖分子而言，自不在話下；物質係指製造核武的原料鈽及鈾；專業知識則指製造核武的專業人才；其目標爲大型城市下部組織──私人及公部門，運送方式可透過空中、水面（底）及陸地等來進行，而水面（底）及陸地運送較普遍受恐怖分子所歡迎，交通運輸的便利成長增加恐怖分子行動機會（White, 2005: 225-249）。在此之中，核武設施之建造是最爲困難的部分（Martin, 2006: 364），換言之，製造是一回事，使用又是一回事。有學者認爲，恐怖分子擁有核武的主要目的，非在威脅人類的生命或破壞環境，而是要吸引世人的眼光，從而自動地產生心理上的恐懼，增加其籌碼。但能達成什麼效果，實際上是很難預估的（Hamblimg, 2004）。

以下我們將探討恐怖分子與核武間有關的議題。

（一）誰會計畫核武恐怖攻擊？

誰最有可能計畫以核武作爲恐怖攻擊？賓拉登（蓋達組織）絕對是首選。在尚未執行九一一攻擊前，賓拉登接見兩名來自巴基斯坦前核武計畫的關鍵官員，其中一人爲馬哈穆德（Sultan Bashiruddin Mahmood），係巴基斯坦濃化鈾的專家，在巴基斯坦的原子能委員會（Atomic Energy

Commission）任職超過30年，爲巴基斯坦發展核武的關鍵人物。1999年，在發言不當的情況下，突被要求去職，隨後於同年10月23日被逮捕、詢問。馬哈穆德否認與賓拉登見過面，但馬哈穆德之子阿西姆（Asim Mahmood）告訴權威人士，賓拉登詢問其父有關如何建造核子炸彈等問題。依馬哈穆德的說法，賓拉登對核武特別感興趣，賓拉賓的同儕告訴他，蓋達組織已成功地從烏茲別克獲得製造核武的原料，雖然馬哈穆德認爲此原料只能製造「髒彈」（dirty Bomb），尚無法製造核武器。惟尋求馬哈穆德等之協助以獲得有關的核武專業知識等行爲，使研究人員確信，蓋達組織已獲得建造核武的藍圖（Allison, 2004: 20-24）。

大多數人認爲，從蓋達組織每年花費上千萬美元於招募、訓練恐怖分子，在全世界60個至70個國家設有據點，以及從九一一攻擊的策劃、合作、執行行動的情況看來，其已跨越核武的門檻。種種跡象顯示，蓋達組織是最有可能發展核武的攻擊者。

其次，最有可能計畫或幾年之後以核武攻擊的恐怖分子，包括有（Allison, 2004: 29-42）：

1. 伊斯蘭祈禱團（Jemaah Islamiyah）：2000年策動峇里島爆炸案，造成202人喪命。係與蓋達組織保持最密切聯繫者。
2. 車臣叛亂分子：車臣獨立問題一直爲蘇俄所擾，蘇聯擔憂車臣一旦獨立，其在高加索地區的影響將嚴重降低，美國可能會趁虛而入。其所造成的恐怖攻擊事件，包括兩架俄羅斯客機受自殺炸彈攻擊，以及奧塞提亞共和國一所中學師生被劫持事件，死傷人數達數百人。
3. 伊斯蘭恐怖分子（眞主黨，Hezbollah）：眞主黨於1982年6月以色列入侵黎巴嫩期間成立，1984年開始使用眞主黨名稱。1990年黎巴嫩內戰結束，各派別根據政府的決定，解除了各自的武裝，但眞主黨以抵抗以色列爲由，沒有解除武裝及上繳武器。1991年，以色列與巴勒斯坦和談開始後，眞主黨頻頻襲擊以色列在黎巴嫩南部設立的「安全區」，以色列、英美等國將之視爲恐怖組織。據了解，敘利亞及伊朗二國是黎巴嫩眞主黨主要的援助國。
4. 巴勒斯坦：由於巴勒斯坦擁有許多激進派別，如哈瑪斯（Hamas）、法塔（Fatah）、巴勒斯坦解放陣線（Palestinian Liberation Front, PLF）、巴勒斯坦人民解放陣線（Popular Front for the Liberation of Palestine, PELP）等，強烈主張要以武力解放巴勒斯坦，並採取激烈暴力手段來達成。最有名的例子為1972年9月，巴勒斯坦激進組織黑色九月（Black September）於慕尼黑奧運會時挾持11名以色列運動員事件。

除上述國家或組織之外，包括兩伊、敘利亞、北韓等對恐怖分子採支持的國家，除不斷傳出發展核武之訊息，並協助恐怖分子的武器移交、軍事訓練、材料、技術及專門知識等，恐怖分子亦一併輸送該等國家有關之恐怖集團成員。

（二）恐怖分子從何處獲得核武？

蘇聯的解體，使各聯邦國紛紛獨立，所遺留下來的武器交接混雜。以核子武器為例，有專家推估，如果蘇聯當時存有約25,000顆至30,000顆核彈，其中99%回收，1%流落在外，則意謂有250顆核彈不受控制（Allison, 2004: 68-74）。拆除核彈，所費不貲，加上運送、銷毀等，往往要花費一筆金錢。在各獨立國普遍缺乏資金之下，再加上管理鬆散，將核原料轉賣他國（組織）不無可能。1993年，俄羅斯海軍上校蒂霍米羅夫（Alexey Tikhomirov）悄悄潛進靠近莫曼斯克（Murmansk）軍港的北方航運公司（Sevmorput）船塢，竊取了3件反應器核心（Reactor Core）及約10磅重的濃縮鈾（HEU）。8個月後他遭到逮捕，其要求的價碼為5萬美元。1994年5月，德國警方發現可能是來自於蘇俄核武實驗室的超優質鈽；1994年12月，捷克警方截獲8磅的濃縮鈾，隨後逮捕1名捷克核子科學家、2名俄羅斯人；2000年4月，4名喬治亞共和國之人民被逮捕，其擁有2磅的濃縮鈾；2003年11月，俄羅斯法院宣判1名核武破冰船的高級官員18個月，因其擁有2磅的鈾，並且以5萬5,000美元出售。

目前種種跡象顯示出，蘇聯是恐怖分子獲得核武最可能的來源處。另外，最有可能的提供者，包括巴基斯坦、北韓及美國（沒想到吧！）（White, 2005: 83-85）。

（三）恐怖分子何時會展開首次的核武攻擊？

1977年，一名普林斯頓大學研究生菲利普斯（John Aristotle Phillips）撰寫有關如何設計製造小型核子彈的書。有很多的專家學者認爲他的研究是可行的，因而引起不小的騷動；外國政府試著購買他的計畫，美國聯邦調查局則緊盯著他的安全。假如一名研究生可以，那恐怖分子呢？

對於核子武器，其焦點在於核原料之取得、製造與再處理及動力反應器之製造，一旦相關技術獲得突破，則完成核子武器將指日可待。據悉，北韓及巴基斯坦等國，對於製造核武已無多大問題了（White, 2005: 100-102）。恐怖集團以偷取、黑市購買獲得原料，費時耗錢地自行研發，或參考各國核武製造等方式而握有核武並鎖定目標後，究竟何時會發動核武攻擊，已非至關重要，而是要或不要的思維影響恐怖分子的行動。接著，我們來談論有關恐怖分子如何運送核武的議題。

（四）恐怖分子如何運送核武？

2003年8月23日，一旅行箱內含15磅的核材料成功地從雅加達、印尼運抵洛杉磯港，並且通過海關的檢查，經過高速公路後抵達目的地——離洛杉磯會議中心約爲1哩處。別擔心，這只是ABC新聞調查記者布萊思·羅斯（Brian Ross）爲了設計檢驗（White, 2005: 104-107），[6]假設恐怖分子之核武運送與美國的邊境管制而已。且內容物鈾廢棄、無害物之所以選擇以雅加達爲起點，是因爲2002年10月發生峇里島爆炸案，藉此看美國方面是否會比較具有警戒心，最終貨物安全抵達（雖然美國國土安全官員宣稱他們已作過檢查，並且確認對美國本土不會產生安全影響後才放行）。

雖然上述只是一個小小的試驗，但其所產生的後續效應卻非常大。首先，恐怖分子會更可能利用商船運送方式，而非以飛彈攜帶方式爲之。國家情報官員羅伯·渥波（Robert Walpole）對參議院次級委員會作證說：非飛彈運送方式之花費更少，易取得、更可靠及正確。2001年10月CIA反恐專家找到各種不同非以飛彈運送的可能性方法，像是一顆足球大小的濃

---

[6] 該記者特別請教專家，並選取無害、無違法之虞之物。

縮鈾被鉛製的攝影機袋子覆蓋並裝進手提箱中，與一般的金屬製品大小沒有二樣，難以分辨。每天有3萬輛卡車，6,500輛鐵路運輸，140艘船運送5萬個貨物櫃，超過50萬的貨物，從世界各地運送至美國，其中有將近2萬1,000磅的古柯鹼及大麻走私進入，而恐怖分子甚至以快遞運送方式爲之（Allison, 2004: 106-107）。

交通運輸便捷及資訊流通迅速所造成全球化的現象，使貨物流通迅速；透過海運、空運及陸上交通運輸方式運轉，不僅快速且效率驚人。況且一國內之道（公）路、鐵路有如放射線般擴散，再方便不過了。另外，網路的發達，使人們只要在家、在任何地方按按鍵盤，各種東西皆可送達你所指定的處所。你知，我知，恐怖分子當然也知。

另外，海關對於每件貨物並非全面打開檢查；X光也無法完全穿透；伽馬射線或車輛貨物檢查系統（Vehicle and Cargo Inspection System, VACIS）亦無法百分百找出違禁物。

前總統布希曾信誓旦旦地說，要將美國建立爲一在空中、陸地或海岸之安全毫無縫隙（seamless）的國家，以保護美國安全，抵抗來自國外的威脅，保障合法人員與貨物之進出（White House, 2002），但每年經由美國邊境進入國內的禁藥及人員可見一斑。曾有人建議要防止恐怖分子的潛入，應請教走私專家。2002年2月，美國緝毒局（Drug Enforcement Administration, DEA）找到一條4呎寬、1,200呎長的隧道，從墨西哥通往加州的邊界小鎮，離聖地牙哥約20哩遠。經由此通道，地下系統被用來當作走私價值不菲的毒品進入美國已有好幾年，且此通道並具有照明設備及複雜的通風設備。另外，美國緝毒局與海關人員於同年接下來的9個月內，總共關閉了6個相同的通道。可想而知，類似的通道不知有凡幾，仍未被查獲。既然此通道可以當作非法移民或走私毒品進入美國的手段，當然也可以成爲恐怖分子攜帶小型核武進入邊界的方式之一。畢竟小型核武的設備小於一個人的體積，更重要的是，任何思慮周密的恐怖分子均能作到非法移民無法作到的，即不受到任何人的注意（Martin, 2006: 113-116）。

第六節 美國對恐怖主義的態度

1950年代晚期及1960年代初期，美國遭受國內恐怖分子一連串的攻擊，不過當時並未以「恐怖活動」一詞來稱呼他們的舉動。發生的原因主要是針對黑人的人權問題，1958年古巴人劫持一架從邁阿密起飛的民航機，開啓了現代國際恐怖主義的肇端（Pillar, 2001: 28-30）。一個值得探討的有趣問題是，爲什麼恐怖主義似乎皆以美國爲其主要目標？有學者認爲，主要原因是因爲美國以其軍事、政治與經濟力量支持不受歡迎的地方政府或區域性的敵人，恐怖主義希望能運用或以暴力威脅來迫使美國放棄其外在的犯行。而1965年開始，越戰賦予反美主義（anti-Americanism）正當性（legitimized），以及在反帝國主義及全球民族自由解放下，將仇視美國視爲理所當然（Kegley, ed., 2003: 160-162）。

本節所要討論的，係以非美國本土的恐怖主義爲出發點，並以國際恐怖主義爲主要論述。另一方面，礙於篇幅的關係，只能針對本節主題作一簡單扼要的敘述。[7]

一、美國的角色與態度

第二次世界大戰結束後，原來世界局勢可望恢復，並持續追求穩定、安全及繁榮。但以美、蘇二國爲首所代表著自由民主、共產主義意識形態涇渭分明的兩極化對峙，悄悄上演。美、蘇間爲鞏固其有利地位，紛紛與他國成立防線，於是各國間、區域間、地區間之組織陣線紛紛成立。

然事情經出乎意料之外發展，蘇聯瓦解，東歐、中亞、波羅的海等國脫離而獨立。一夕之間，世界強權只剩下美國一國。簡單言之，美國何以至今仍爲世界霸權之首，原因在美國於四大決定性的領域具有獨尊地位：

---

[7] 可參閱之相關著作甚多，如：張錫模，全球反恐戰爭，2006年，東觀國際文化股份有限公司；Dennis Piszkiewicz著，國防部譯，恐怖主義與美國的角力，2007年，國防部部長辦公室；Samuel Peleg and Wilhelm Kemp, Fighting Terrorism in the Liberal State, 2006, IOS Press；陳文生，布希政府反恐安全戰略及其挑戰：伊拉克經驗的檢討，政治科學論叢，第25期，2005年9月，頁1-28。

（一）軍事上——可伸展至全球各地，無人可及；（二）經濟上——依然爲全球成長的火車頭，雖有部分產業受到他國的挑戰；（三）技術上——在創新上維持全面領先優勢；（四）文化上——吸引力無與倫比，全世界青年都著迷於美式大眾文化（林添貴譯，1997：26-34）。美國挾著上述的四大優勢，自然而然成爲唯一全面的全球超級大國。

所有的大戰都可以在前一次的大戰中找到其根源，全球反恐戰爭亦然。美國與「基地」蓋達組織的戰爭，係源自於冷戰——1970年代、1980年代的第二次冷戰（張錫模，2006：18）。更精確地說，源自於1970年代末期的美國政府決策。

由於美、蘇兩大超級強權間的競爭，加上美國於1970年代末期參與的國際事務皆接連失敗，如越戰、石油危機、伊朗革命等，使美國的世界霸權地位發生強烈的領導危機。而美國爲了降低挫敗，因而對蘇聯展開攻勢；而攻擊的第一站，即針對阿富汗。蘇聯入侵阿富汗，原以爲可速戰速決，沒想到越陷越深，如同美國介入越南一般。隨後，美國援助阿富汗，加上蘇聯本身國內情勢影響，使得蘇聯處境更加惡化。正因爲美國介入阿富汗戰爭長達10年，從其角度觀之，蘇聯於1990年代的解體，爲其目標之達成。但對阿富汗而言，事實上的和平繁榮並未如期降臨，而是另一次更大災難的開端。諷刺的是，美國爲其戰爭所培育出的聖戰士，到頭來反而成爲攻擊美國、與美國對立的最大力量（Pearlstein, 2004: 44-46）。

美國自詡爲自由民主世界之超級龍頭，各國紛紛與其建立各種良好關係，但美國在現實主義之邏輯下必須與其他國家進行國際權力競爭；另一方面，美國以其世界正義之首自居，對國際恐怖主義的攻擊卻又必須賴其他強權合作以遏止恐怖主義之發展，對不合作的國家，分別以經濟、政治、武力迫使就範。而正因如此，美國介入中東之後，不與其他反以色列者暫大多數之各國結盟，而與以色列建立密不可分的盟國，此舉引起其他回教國家的不滿，遂以美國爲假想敵，進行各種恐怖報復手段。

最明顯的例子即是2001年的九一一攻擊事件。美國紐約雙子星，原本是權力、金融、商業繁榮的象徵，代表著世界強權執牛耳於一身，牽一髮而動全球。然2001年9月11日飛機撞進的一剎那，才令人發現到生命的脆弱及權力帝國的摧毀。人們原本以為，這是世界上不容質疑的象徵，想不到竟敵不過無情的撞擊。

恐怖組織對雙子星的攻擊，已超出他們狂野的希望（Baudrillard, 2006: 64-65）。本次攻擊是以賓拉登為首的「基地」蓋達組織所犯下的，然「基地」並未預期九一一攻擊可以擊潰美國的霸權，也未寄望因此將美國的影響力從中東驅逐出去。相反地，「基地」將九一一攻擊視為一個間接戰略的第一波操作。其任務是激起伊斯蘭世界的大眾蜂起，藉以推翻美國所支持的中東諸世俗與信奉嚴格伊斯蘭的諸國政權（尤其是沙烏地阿拉伯王室政權），最終建立起一個統一伊斯蘭哈里發國家。換言之，九一一攻擊的主要目的，不在激起美國民眾的恐怖感，也不在寄望這些恐懼感連帶而來的挫折感，但卻使得美國民眾最終將矛頭指向自己的政府。九一一攻擊的用意，是一次作為宣傳的行動，要號召的主要對象是穆斯林（Muslim）大眾。就此意義來看，九一一攻擊是一場政治宣傳與甄拔的戰術行為——一場成功的戰術攻擊（Pearlstein, 2004: 118-119）。

惟「基地」所追求的穆斯林大眾群起並未出現，而美國的反制行為，雖然引起部分穆斯林反彈，但實際上除了少數國家有零星且短期的抗議示威外，並無「基地」所期待的大眾蜂起的現象。有些國家，如埃及等，甚至與「基地」為敵對。

「基地」因成功地打擊了美國，傷害了美國的世界威望，使得其在全球某一些討厭美國霸權的國家或穆斯林眼中，有一定的信譽。此點，讓「基地」引發的衝突，迫使美國將注意力集中於反恐的議題，而暫將其他議題置後，使美國重新界定其全球戰略的優先順序。從「基地」的角度來看，以僅有的3,000名至5,000名人員就能讓唯一全球超強者作出如此重大轉變，不能不說「基地」的戰術勝利。

再者，「基地」希望全球穆斯林認清一個事實，即那些國家（穆斯林）不僅臣服於美國的霸權，而且還要和美國合作。從另一角度來看，「基地」企圖營造「美國 VS. 伊斯蘭」相互對抗、全面攻擊的目標未能成功。

最後，此事件也讓「基地」產生了一些副作用，如在美國本土活動因入境及身分問題，受到嚴重擠壓。美國也利用各種機會，和其他國家合作，在美國及其他國家逮捕「基地」成員，但並未公布此些名單，使「基地」的網絡受損，另造成彼此間的相互猜忌。這意味著，「基地」正面臨情報作戰與反情報作戰的嚴重挑戰。此限制也構成「基地」發動九一一攻擊事件後未能持續後續重大攻擊的主因，儘管在戰術上有一定斬獲，但並未有重大的成果。不過，「基地」應可耐心等待，因爲他們自己內心很清楚，所從事的是一場長達數十年的持久戰。俟持續獲得援助後，再發動另一波的攻擊，只是時間的問題而已。[8]

二、美國與世界各國的反應

事實上，美國自雷根總統以來，對於恐怖主義皆有相關因應措施（U.S. Department of Stat, 1997），[9]然而恐怖攻擊事件卻仍時有所聞，未曾停止。由於恐怖主義之手段或目的並非相同，但對於其運用所造成的極震撼效果，卻爲恐怖主義盛行之所在。尤其九一一攻擊事件所引起的超恐慌效應，即便美國之後有採取一連串因應策略。

其後，有超過1,000人在九一一攻擊事件後遭到逮捕。2001年10月「美國愛國者法案」（US Patriot Act）允許無限期拘禁無法驅逐出境的非美國國民，只要司法部長有合理理由，相信他們從事恐怖活動即可爲之。之後，美國決定攻打伊拉克，以實際行動對抗恐怖主義。

美軍的戰爭目的是要推翻海珊政權。其他目標包括：（一）維持伊拉克領土完整，以便使伊拉克仍能扮演制衡伊朗的角色；（二）直接控制伊拉克對外軍事合作通道；（三）透過美國力量的展示，改變全球穆斯林對

---

8 基本上，ISIS的處理模式亦是如此。

9 雷根政府時期的反恐政策混亂不一，遭受不少批評，可參見Dennis Piszkiewicz著，國防部譯，恐怖主義與美國的角力，2007年，國防部部長辦公室，頁79-104。比較具體的措施部分，如前總統柯林頓於1996年4月簽署「反恐怖主義及有效死刑法」（The Antiterrorism and Effective Death Penalty Act），規範禁止爲美國國務院指定爲恐怖主義組織者進行募款，以及有關將恐怖主義驅逐出美國的有效方法。同年8月簽署「對伊朗及利比亞制裁法案」（The Iran and Libya Sanctions Act），針對投資於此兩國石油能源開發之外國公司予以規範，以避免此些公司之盈餘被用來贊助國際恐怖主義，在此併予說明。

美國霸權的認知；（四）預防伊拉克與伊斯蘭武鬥派網羅「基地」的可能連帶關係；（五）極小化美軍及伊拉克平民的傷亡；（六）實現美軍進駐伊拉克的戰略構想，控制中東地緣政治的心臟地帶，藉以取得全面主導關於今後中東局勢的戰略地位（Pearlstein, 2004: 164-165）。

雖然美軍發動戰爭成效良好，但也付出慘痛的代價，除了傷亡人數外，聯合國安理會對於美國的行爲亦進行激烈的爭辯。反對美國者，關切的是國家主權的絕對性，以及聯合國體制保障的多極體制，他們不希望美國權力獨走，而希望將美國的權力束縛在聯合國的王強體制之中，這也證明了聯合國體制的缺陷。

相對地，在九一一攻擊事件後，世界各國無不採取積極的行動。如澳洲、加拿大、德國、南非、中國大陸等[10]國家，無不律定各種相關的反恐法制；英國更直接與美國同赴伊拉克進行作戰。當然，還有其他維護國家安全的各種作爲，包括臺灣在內，於2002年行政院成立反恐辦公室。[11]其目的無外乎是爲了要針對恐怖組織的可能作爲，有相關的因應措施，避免於發生緊急情況時措手不及，嚴重影響社會、國家，尤其是人民的日常秩序。

美國總統拜登（Joe Biden）於2021年上任；同年6月擬定對抗國內恐怖主義，9月駐阿富汗美軍全面撤離。其戰略威脅假想敵之焦點已轉換爲中國大陸。俄烏戰爭，拜登不支持將俄羅斯列爲支持恐怖主義之國家；2023年10月，以色列與哈瑪斯、黎巴嫩眞主黨、伊朗、葉門等中東國家的一連串攻擊事件，美國完全傾向支持以色列。2024年6月上旬，逮捕了8名

---

10 如澳洲國會審議之反恐法，包括褫奪某些團體權利及減少在押嫌犯權利的法案，並推動嚴格的庇護權立法；而九一一攻擊事件之後，北京當局對內成立中央「反恐協調領導小組」，各地方政府設立反恐機構，積極組建武警反恐部隊，除建立反恐反應機制外，對外亦加強國際間之合作，並吸取西方先進國家之經驗，如利用「上海合作組織」加強與中亞各國之軍事合作及反恐怖情報交流等，並修正其刑法規定，「嚴懲恐怖犯罪、保障國家安全並維護社會秩序」，將部分人民內部矛盾所引發的激烈行爲視爲恐怖活動等。相關資料請參閱Jonathan Barker著，張舜芬譯，誰是恐怖主義：當恐怖份子遇上反恐戰爭，2004年，書林出版，頁154-155；施子中，中共反恐作爲及其對區域情勢之影響，http://trc.cpu.edu.tw/meeting/paper/94/0926/4.doc.，查閱日期：2024/4/25。

11 日後爲國土安全辦公室。

與伊斯蘭國有聯繫之分子。時至今日，國際上恐怖攻擊仍然接踵而來，相關恐怖活動會持續不斷且耗時耗力，美國等民主國家贏了嗎？答案應該是再明顯不過了。

第七節　恐怖主義的未來發展

一、恐怖主義與全球化

1990年代掀起一股全球化熱潮，一時之間，相關的政治、經濟、科技等，若不與全球化有所牽連，似乎將無法獲得重視。但全球化眞的是萬靈丹嗎？此問題實際上是有討論空間的（Bisley, 2007: 9-31）。然値得注意的是，在此趨勢下，國與國之間的藩籬消失，人與人之間的距離被打破，跨越國界的資金、技術、服務、移民、交流、犯罪等問題已快速成爲公共領域中熱門的話題。此議題向來都只能以小心謹愼的態度來面對，這是因爲在傳統上，擁有排除的權利（right to exclude）向來是界定國家主權的重要指標（周和君譯，2007：261-263）。但如今上述問題所呈現的各種面向與合法性，幾可跟一般常見的國際現象，諸如貿易、總體經濟、發展及健康等相提並論。

在這一波全球化的浪潮下，數據顯示，在許多的非洲國家及穆斯林國家，是實施全球化較弱的地區，而這些國家中有某些國家與恐怖主義關係密切。實際上，大部分的穆斯林國家在過去30年來，持續進行去全球化（deglobalizion）。穆斯林國家之世界貿易與投資不斷地萎縮，1980年時，13.5%的世界出口是來自於穆斯林國家，到2002年時，只剩下4%，去全球化結果，使得某些窮國，像是某些阿拉伯國家的GDP自1980年來迄今下降25%，從每年2,300美元降至1,650美元（Gresser, 2003: 1-2）。

在此情況持續之下，社會的不滿力量可能造成政治上民主政權與體系的不穩定。而正是在此環境下，給予恐怖主義發展的條件，包含動機與機會，讓恐怖主義可進行組織、發展財源與執行恐怖行動（Petras and

Veltmeyer, 2004: 11）。

至於全球化如何賦予恐怖活動之有關原因與動機？全球化可增加國家內與國家間的不平等及社會階層化，雖然少有明確證據顯示，貧窮及不平等直接與恐怖主義有所連結，但經濟的因素確實會增加對政治態度的改變。經濟的不平等通常導致政治的變動，並讓恐怖分子成爲利益團體所想要達成目標的手段方式。如比約戈（Tore Bjørgo）所示，貧窮經常性地藉由社會革命之恐怖分子，將之用來當成作爲辯解暴力的正當性。[12]

再者，已開發國家近來不平等的財富與資金累積現狀，也可作爲刺激恐怖分子行動的浪潮，並藉由全球財富的均勻分配之口號，合理化其行動；軍事團體亦正當地利用恐怖主義爲其最後的手段，作爲衰退的戰略性反應之藉口。換言之，全球財富的不平均是成爲恐怖分子的因素之一（Richardson, 2006: 106-107）。聯合國已體認並強調貧窮議題與恐怖分子間其重要性的原因所在，類似的國家若無法提供良善治理的原則，則其所引發的貧窮與不穩定，將導致恐怖流血的反對與暴力事件。

另一方面，全球化能促使政治與文化對其之反制。發展全球市場的物品、服務及資金，迫使社會產生改變其文化上的運行。全球化帶來文化的西化及摧毀傳統的生活方式，因而形成社會的反抗，提供另一批恐怖活動的正當性理由。在此之下的恐怖分子，宣稱其暴力行動是爲了對其所受之西方影響下，來淨化本身的社會與文化。因此，對地方生活方式的威脅，成爲恐怖集團成員活動最簡便的動機與合理性因素（Roderik, 1997: 1）。

二、全球化下恐怖主義之因應策略

對全球化發展下的恐怖主義之回應，並非是易事。全球化只是影響恐怖主義發展眾多的因素之一，恐怖主義是一複雜、具不同面向的現象。很顯然地，其需要全面性與一致性的回應策略，而此策略要根據較寬廣的國際性見解，包括對恐怖主義的定義、適當的反恐政策、策略與戰略；也包

---

12 可參閱Tore Bjørgo, "Root Causes of Terrorism: Finding from an International Expert Meeting in Oslo, Norwegian Institute of International Affairs," http://www.nupi.no/IPS/filestore/Root_Cause_report.pdf，查閱日期：2024/4/21。

括其相關的執行方法。因應策略也需要全面性的合作，包括多邊、雙邊及國家的努力。

同時，政策可緩和某些全球化下的不良影響，用來限制恐怖主義以此當成動機並合理化其行動。這些都是長期的發展策略，雖然無法完全根除恐怖主義，但可作爲發展社會及經濟環境，並讓恐怖主義無法達成其政治目的的方法。如此的方法，可減少全球化下不平等的痛苦，減低反西方情緒，並遏止宗教基本教義派之主張。

比約戈則認爲提供教育與機會，是改變引發恐怖主義之社經環境重要的元素。另外，遏止恐怖主義的財源，例如國際合作對於對抗恐怖分子與有組織的犯罪，恐怕是更具效率的方法。並且，諸如建立新的國際典則（regime）；加強邊境管理以避免非法的武器、人員、藥品流入；如同前述，強化合作洗錢的防制，也是方式之一。而對於那些贊助恐怖主義的國家，如何透過國際間的約束及制裁，更是未來對付恐怖分子的方式之一（Richardson, 2006: 111-113）。

三、恐怖主義的未來

時序已進入21世紀，國際環境也隨著時間逐漸有了轉變，恐怖組織也必須體認未來的需要有所調整，例如戰術的運用、武器的使用、國際訴求等，也要配合大環境而轉變。但基本上對極端分子而言，其行爲可能不會有太大的變化。許多恐怖組織過去的特性仍將保持良好關聯，未來的恐怖組織將展示相同的道德主義者的特性。例如，某一個人視爲恐怖分子，另一個則將視爲自由鬥士；摧毀他以拯救他，是必要的。接著我們討論幾種恐怖組織類型所要面對21世紀環境之情況（Richardson, 2006: 113）。

（一）分離性恐怖組織

1990年代及2000年代，分離性恐怖組織（Dissident Terrorism）減少其意識形態，增加「文化上」的訴求。國家民族主義之恐怖組織持續發生，宗教性恐怖組織仍會在激進的伊斯蘭教團體產生。再者，無國家的國際恐怖組織開始浮現於全球舞臺上。此趨勢似乎是持續的，在東西方意識形態競爭下的遺跡，給予宗教性極端主義者某些形式及無限的自治體衝突。

（二）宗教性恐怖組織

宗教性恐怖組織（Religious Terrorism）已成爲全球性的問題。其在1980年代興起，1990年代及2000年代持續挑戰國際及國內政治的穩定性。宗教性恐怖組織精通於招募新成員，並將自己組織起來成爲跨越國界的半自動性組織。

21世紀，宗教性暴力仍爲恐怖組織的中心面向，其不斷進行攻擊。自殺性攻擊亦有增無減，類似手段仍將持續成爲國際宗教性恐怖組織的中心因素。摧毀代表外國利益及穩定，或推翻其本身的政府，爲具國內性的宗教性恐怖組織運作的目標。

（三）意識形態性恐怖組織

某些意識形態性恐怖組織（Ideological Terrorism）所引起的暴動，仍於21世紀出現。此些馬克思主義者（Marxist）所產生的暴動持續發生於21世紀初期，而西方民主也見證了後法西斯者及無政府主義的成長。後法西斯者的暴力，傾向包含相關的低度仇恨犯罪、暴民爭鬥及時有的小規模爆炸攻擊；無政府主義的暴力則出現於國際會議與警方爭論的場景中；而右翼運動及團體在未來的期間也會有成長的空間。

至於國際恐怖主義在未來的新方法及威脅，依據馬丁的研究發現（Martin, 2006: 82-98, 538-540; Martin, 2020: 146-172），未來的恐怖組織所可能使用的方法及威脅有：

（一）**方法**：1.高科技技術的運用；2.資訊系統的運用（網路、社群等）；3.毀滅性武器的使用；4.無差別目標攻擊；5.非對稱戰術；6.可造成高死傷率的行動；7.孤狼式行動；8.唾手可得之交通工具；9.病毒擴散；10.基礎設施之破壞。

（二）**威脅**：1.電腦入侵及攻擊；2.生化武器的擴散；3.自殺攻擊（仍爲

最大威脅）；4.核子武器的擁有及實際行動；5.人群越多之區域（死傷最多，效果最好，如演唱會、球賽活動或遊憩區等）。

第八節　結論

九一一攻擊事件之後，幾乎所有的人都相信恐怖分子一定會再度攻擊美國或西方國家，且行動與手段只會越來越凶殘，死傷也會更慘重。更具體地說，即採用前所提到的方法——生化、放射性與核子武器攻擊，甚至包括網路部分，都是最難去應付的。再如，跨國恐怖主義亦是最不容忽視的，其不僅是新全球失序的部分，也是造成全球失序的關鍵角色（Pearlstein, 2004: 99）。而每一次的恐怖攻擊，其所受到的矚目，不單是因爲所造成的嚴重傷害，另值得關注的是其背後所代表的意義或訴求。恐怖主義（攻擊行爲）不可能在地球上消失，其攻擊模式、方法、地點等，亦是很難加以預測的（雖然個人希望世界上不要再有恐怖攻擊行爲）。值得思考的是，面對國際情勢如此險峻，回應的方式除了恐怖攻擊行爲外，是否有更好的替代方式？另一方面，國際上的反恐合作一直爭議不斷或難以整合，極待加強；此情況雖於最近稍有改善，但積極作爲卻仍嫌不足（張舜芬譯，2005：239）。2008年美國掀起全球金融經濟危機，而美國又是反恐大國，對未來的全球反恐行動是否有決定性影響？負責英國國內情治安全的前英國軍情五局M15首腦強納生・伊凡斯（Jonathan Evans）認爲，全球金融危機將助長恐怖主義滋生（中國時報，2009）。而美國總統拜登對恐怖主義的態度是否一如之前總統般？由於美國自詡爲世界警察，往往與歐洲其他國家成爲恐怖主義攻擊之首選地。美國雖已撤離阿富汗，但恐怖攻擊事件有因此而大幅降低嗎？這些都是值得未來仔細觀察的重點。

走筆至此，筆者以爲，21世紀到來，對於世人所認知的（新）恐怖主義，應發展不同的應對方法來對抗；而在某些國家會因自身情節或利益考量，不斷透過財務、武器給予或意識形態之鼓動贊助恐怖組織，強化該恐怖組織的能力。因此，弱化或打斷此些支持或提供武器、金錢等，是對於相關恐怖組織（團體）之國家有其必要的做法（Ahmed, 2020: 243）。另外，不管是從心理層面或其他層面著手（Reich, 1998: 247-260），[13]在國際合作、增加預算、高科技的運用、國際法及「全球治理」下，結合國際制度、強權政治、公民社區、非政府組織、跨國企業、強化人心及觀念落實、跨區域或國家之情報分享或合作等多元行爲方式，皆可用來降低恐怖主義之行動及所造成的傷害。更重要的是，我們應該要以更聰明及合理的態度來執行應盡的義務，若行動太慢或不太精密，最後贏得勝利的將會是恐怖主義（Hoffman, 1998: 25-26）。

[13] 學者克倫肖認爲，了解恐怖主義很難沒有心理學的理論，由於理解恐怖主義必須先開始分析其行爲意圖及聽眾的情緒反應。因此，心理學是最有幫助的解釋框架。

第八章

難民問題

難民，無論何時，只要有人類存在，就會有此議題之產生。其發生之緣由，蓋基於生命、經濟、天災（旱災、水災）或戰爭爲最。一旦有難民，代表著該國家內部發生不可預期的結果，對鄰近國家而言，同樣是困擾。基於人道（權），似乎他國有不得不接受之理；反之，有些國家則認爲，難民對它們國家本身將會帶來一種威脅，有如芒刺在背（Martin, 2014: 184）。接受難民與否都成爲痛苦選項，不接收，被他國批評沒人性、沒同理心；接收，則後續難民之食衣住行育樂如何解決，將成爲執政者之一大挑戰。德國前總理梅克爾於2015年及2016年共接收了超過百萬名的難民，替她博取了好名聲，但因人數太多，造成德國境內的紛爭不斷，甚至危及歐洲整體情勢，造成多國境內極右派崛起，民粹鐘聲再次響起，反對移民的人數升高。而另一方面，難民也製造出許多紛爭，如2016年新年期間，德國科隆火車總站前有大量女性受到性騷擾和搶劫。據聯邦刑事局發布的數字，有650名女性報案稱受到性騷擾。[1]沒有人願意成爲難民之一員，也無法否定難民之存在，況且難民的身分必須經過一段時間之鑑定，非自己主張即是，而許多恐怖分子也藉機利用此管道進入歐洲各國。根據聯合國難民署（UNHCR）的統計，2024年4月止，全球難民數約有3,257萬名，其中敘利亞約有650萬名，烏克蘭約有580萬名，以及阿富汗約570萬名（UNHCR, 2024: 6）。

何謂難民？聯合國難民署（UNHCR,1967）將其定義爲：「任何人在其原屬國外，或在其居住地，不能或無自由意志返回其原屬國，以及因迫害或有根據地相信其迫害是與種族、宗教、國籍、特別社團成員或政治意見有關，而不能或無法讓他（她）受到原屬國的保護。」而有無越過他國

---

1 參見風傳媒，https://www.storm.mg/article/943307，查閱日期：2024/5/1。

國界是一大關鍵。以下針對難民的一些基本概念，作一介紹。

第一節　與難民有關之重要公約

一、1951年有關難民地位公約（日內瓦公約）

（一）背景

回顧歷史，條約的訂立與二次世界大戰時的國際政治秩序息息相關。二次世界大戰時期，許多面臨戰爭而逃難的大量人民湧入鄰近的他國，當大部分國家在無法依靠自身的力量去解決相關問題時，迫使了國際社會展開合作，重視難民問題。

聯合國遂於1951年7月28日通過，並於1954年4月22日正式生效。該公約定義了難民及其資格和權利，以及提供難民庇護的國家所應負責任的一項國際公約。公約載明難民的消極資格（如戰爭罪犯不屬於難民），此外，爲協助受母國壓迫者、難民、無國籍者尋求庇護的必要，只要持有依據該公約簽發之旅行文件，即可免簽證（visa-free）旅行遷徙。自2000年12月起，聯合國決議以每年6月20日爲世界難民日。

（二）難民享有之權利

公約締約國有義務保障難民之法律上地位、司法地位、提供身分證件、接受正當法律程序審判的權利、財產權、有償工作權、結社權利、遷徙自由、福利救助〔例如：居住權（與締約國本國人民同等之）〕、公共救濟與援助、房屋優遇。

二、1966年難民地位議定書

由於日內瓦公約最初原本旨在供歐洲部分國家處理因戰亂問題而湧現的125萬名難民，對象僅限於因1951年1月1日以前發生戰亂事件而成爲難民者，有鑑於難民已擴大爲全球共同面臨的議題，特別是在美蘇冷戰時期，以及不少國家脫離了殖民統治獨立後持續出現衝突而導致難民數的增加。爲保護世界各國難民，聯合國在1966年11月18日通過了「難民地位議定書」，取消了地域和時間的限制，將原公約保護至所有難民，議定書於1967年10月4日正式生效，並適用至今。

※難民地位公約和難民地位議定書是國際難民保護的兩項核心規範。

三、難民問題全球契約

聯合國大會（United Nations General Assembly）於2018年12月17日通過；全文分成四大章（分別爲：導言9點、難民問題全面響應框架1點、行動綱領90點及後續行動與審查7點），共107點。以下僅臚列該契約內容重要之導言及解決辦法，其餘可參閱聯合國網頁項下。

（一）導言部分——C. 目標

1. 減輕收容國之壓力。
2. 提高難民的自力更生能力。
3. 讓更多的人可選擇第三國解決辦法。
4. 支持在來源國創造有利於安全和有尊嚴地返回條件。

（二）解決辦法

1. 對來源國的支助和自願遣返。
2. 重新安置。
3. 第三國接納難民的輔助途徑。
4. 就地安居。
5. 其他地方解決方案——促進難民在經濟、社會和文化方面，適當融入當地社會、提供資源和專門知識、解決證件和居留許可等。

第二節　國際性組織：聯合國難民署

聯合國難民署是一國際人道救援機構，由聯合國大會於1950年12月14日成立，旨在帶領及協調國際行動，致力於保護全球難民及解決難民問題；聯合國難民地位公約爲難民署的工作制定了基本章程及指引。

一、使命

聯合國難民署的使命是保障難民的權利及福祉，並與各國政府、地區組織、國際及非政府組織攜手合作，確保每一個人都能行使尋求庇護的權利，能夠在他國獲得安全庇護，並可以選擇自願返回、融入本土或安置至第三國家。爲了實踐有關使命，聯合國難民署提供緊急人道救援，爲自願返國的難民提供資訊、法律援助及家庭團聚等支援；並協助無法返回家鄉的難民融入收容國的生活，或重新安置至第三國家，爲當地社會作出貢獻。此外，聯合國難民署更不斷推動各國機構，營造保護人權及和平地解決紛爭的有利條件，以減少難民問題。聯合國難民署不分種族、宗教、政見及性別，只按難民及流徙者的需要，給予公正無私的保護及支援；當中尤其關注小孩子的需要，並致力提倡婦女的平等權利。

二、重要工作

（一）幫助難民和無國籍人士

聯合國難民署的工作職能是帶領並協調國際行動，在全球範圍內保護難民和解決難民問題，其首要目標是保障難民的權利及福祉。難民署一直不懈努力，確保每一個人都能行使尋求庇護的權利，能夠在他國得到安全庇護，並可以選擇自願返回、融入本土或安置至第三國家。

（二）執行全球性行動

聯合國難民署一直努力不懈地透過以下工作，帶領和協調國際行動，以保護全球難民及無國籍人士：1.援助與保護；2.提供長遠的解決方案；3.進行倡議與全球評估；4.緊急應變。

第三節　難民問題綜論

何以發生難民，本章起始已約略提過，進一步說明如下。

一、難民發生之原因

（一）**內戰**：如敘利亞自2011年開始持續迄今的內部武裝衝突（總統巴夏爾·阿薩德支持者與敘利亞革命反對派等多股勢力之間的紛爭）。期間，造成超過40萬人民死亡，以及大量跨越邊界前往土耳其避險的難民（Abrahamson, 2023: 10-11）。又如南北越戰爭，形成大量海上難民，我國澎湖也接收有2,000多名的越南難民。

（二）**種族衝突**：1994年4月至7月間，盧安達（Rwanda）胡圖族進行種族滅絕，大肆屠殺圖西族人，遇害人數高達80萬人之多。而後，政權更迭關係，胡圖族擔心遭到報復，約有200萬胡圖族難民逃往薩伊（Republic of Zaire）等國。另外，二次世界大戰的猶太人大屠殺，亦造成猶太人大舉逃難。

（三）**國家間戰爭**：例如蘇俄於2022年入侵烏克蘭所造成的結果，約有580萬烏克蘭難民逃往波蘭、羅馬尼亞、德國等國。

（四）**政治迫害（壓迫）**：如1989年6月4日中國大陸的天安門事件。

（五）**氣候變遷**：由於氣候變化異常，每年因大洪水、乾旱、其他自然災害而流離失所的人，或成爲難民，高達千萬人之多；而此數字隨著全球氣溫不斷升高，人數一直攀升，且未來人流將跨越邊界朝北半球而來（Mavroudi and Nagel, 2016: 144-145）。2024年4月16日阿拉伯聯合大公國經歷了75年以來最嚴重的暴雨，由於阿拉伯半島長年乾燥，降雨並不常見，因此造成城市大混亂；此問題對照前面所述。

（六）**糧食問題**：2020年至2022年，因世界各地氣候異常、洪水和乾旱等災情頻傳，包括東非乾旱、北美乾旱和熱浪侵襲、歐洲極端天氣、南亞和南美熱浪、澳洲水災等，嚴重損害全球糧食供應和儲備量，糧食短缺及危機逐漸增溫。對無法生存者來說，其結果即形成人流之移動，包括跨界，或爲難民（比較屬於暫時性的），尋求安心立命。

（七）**疾病**：歷史上的幾次疾病大流行，包括14世紀的鼠疫、16世紀及20世紀的天花、19世紀的霍亂等，奪走好幾億人的性命。2019年底的COVID-19，亦對人類的威脅非常巨大，在在顯示人類的脆弱。而面對流行疾病的挑戰，出逃也是避免感染的方式之一，只是易形成防疫上之缺口。

二、難民之效應

難民之發生，無論對原屬國或逃往之目的國言，都會衍生一連串的效應，概述如下。

（一）原屬國

1. 人員移出：就原屬國來說，人員的大量移出，等於國內人數的大幅減少；對國家來說，並非益事。因爲人口數代表國家的組成、經濟未來發展與前景、生產勞動力、收入、活力等，一旦逐漸降低數量，上開事項將隨之減低。
2. 持續惡化：人口數不斷往外國移動，其意義代表著該國國內動盪不安、經濟惡化、環境不佳、安全有疑慮、政府執政效率不彰等，持續向下沉淪，人民內心之擔憂，了然於胸。
3. 生產力降低：在民眾無法安心、安全有疑慮之情形下，如何創造生產力？逃跑尚且不及，怎有心繼續打拼？因此難民數代表著該國國力之衰退。
4. 問題無法解決：問題可以有效解決，就不會有難民之發生。如俄烏戰爭，在雙方談判無法順利開啓或達成的情況下，戰事將持續不間斷，問題仍繼續存在。

（二）目的國

1. 國際及國內壓力（反移民、難民）：就目的國來說，首先面臨的是是否要開放邊界？不開放，將受到國際輿論壓力，以及對人權之不尊重；開放，就必須要承受國內不同的反制力道。如同先前所談論到的德國總理梅克爾，其接收幾百萬難民，受到國際上之高度讚賞，但國內的譴責聲卻從未停歇。
2. 社會問題（融合問題）：難民並非目的國原有的住民，而係新來乍到，不請自來，有其自有的風俗、語言及習慣，如何能融入當地社會，成爲一大難題；又或者保有自我，但原有社會願意接納嗎？加上難民並非如經濟移民或親屬移民般受到重視，甚至可能製造困擾成爲麻煩來源（Mavroudi and Nagel, 2016: 119），此端賴目的國之態度。
3. 人道救援之考量：基於人道，應該是要伸出援手，但有時也要考量自身狀況。如土耳其接收敘利亞難民、波蘭對烏克蘭開放邊界進出等，時間一久，這些國家就會開始考量自身是否不堪負荷。救人或助人不分你我，但要考慮的，是自身是否有能力容納，如土耳其尋求其他歐洲國家之協助，像是義大利等國，其中即有國家明確表示，難民入境其國家後，會將其送返入境前之國家（土耳其）。因人數太多，恐怕造成後續的問題叢生。
4. 國境管理思考（非法移民認定）：難民因爲未經過合法申請，某種程度觀之，係屬非法入國者，有侵犯國家主權之虞；然情況特殊時，許多國家也會睁一隻眼、閉一隻眼。基於此現象，難保不會有混水摸魚或非法者（犯罪者、恐怖分子等）之入境。
5. 經濟問題（食衣住行及工作）：難民至另一國家後，要面臨的是其日常生活，包括食衣住行育樂，甚且勞動上需要，如何滿足，或者是暫時性提供，不啻對國家是重大考驗。
6. 安置問題：是否是難民身分，有待鑑定；惟其鑑定時間，囿於身分之查證，有時需耗時一年以上之時間。這麼龐大的人群，如何找到適合之處所安置他們，絕對是一大傷透腦筋的難題。況且，難民的人身安全問題，除了要避免受他人攻擊，也要禁止其在境內鬧事、滋生事端，的確是一大管理問題。例如，澳洲不願意難民留在本土上，而拘留於外海之聖誕島（Christmas Island），並提供數百萬美元委由太平洋島國巴布亞紐幾內亞及諾魯（Nauru）等國所建置之海外難民拘留中心，進行安置、管理。

（三）國際關係上課題

1. 誰應接收？誰有責任接收難民？個人以為，「應該是沒有一個國家有此責任，也應該是任何一個國家都有責任」。但重點是，難民本身沒有選擇權，只能就現有路線逃離，而鄰近國家絕對是首選，且該國家不能跟他們有一樣之情境，否則是從一火坑，跳入另一火坑。向外海逃出求救也是一例，如敘利亞之情形，有國家基於道義接收，也有國家抵死不從。
2. 各國接收人數為多少？如要接收，則容許量有多大？德國接收百萬敘利亞、烏克蘭難民，而美國僅接收幾萬名敘利亞、烏克蘭難民，日本迄今僅接收千人以下之烏克蘭難民，[2]當然，地緣位置（德國離敘利亞本土較近）絕對是考量因素。爰應接收多少難民，可能是各國政府（也有可能是人民請求）之政策決定。

※個人一直很納悶，何以俄烏戰爭時，臺灣不主動對外宣稱將接收烏克蘭難民？是因地理位置（距離太遠）、接收方式（交通運輸）、量能不足，還是人家不願意來？

3. 轉往第三國？難民至另一國家後，可能會因適應不良或心有所屬，而轉往他國；或者是因國家因素，將之送往第三國等處置方式。如2022年4月英國政府宣布一項計畫，從法國跨英吉利海峽進入英國的避難者，將有條件送往盧安達。我們曾於2006年至2007年接收9位來自大

---

[2] 日本對於移民或難民向來是敬謝不敏。

陸地區之難民，結果，幾乎所有人皆不願留在臺灣，而轉往歐洲或美國。

4. 難民認定問題：難民進入某一國家後，必須要進行身分認定，以證明確係難民，然因資料文件匱乏，認定有其實質問題，常會耗費幾年時間，故易衍生後續安置、安全等生活上問題。
5. 協助難民原生國（如何協助？怎麼協助？協助範圍？）：難民之發生，主要係因其原生（屬）國內部問題，如何解決，涉及該國內政或主權議題，一時間，各國政府甚至聯合國可能會「心有餘而力不足」。

三、如何解決難民問題

解決難民問題，是一大挑戰。如同上開發生難民之緣由，有其獨特性或地域性。周星馳主演的電影《武狀元蘇乞兒》最後一幕，皇帝問周星馳道：「你丐幫人數眾多，當皇帝睡覺不安穩。」周星馳答道：「你皇帝武功蓋世，天下太平，鬼才願意當乞丐。」亦即，解決難民的問題，一定是在原屬國，而非其他國家。人民安居樂業，經濟狀況好，誰會願意當難民（或非法移民）！1970年代至1990年代，大陸地區偷渡客猖獗，可時至今日，已不復多見；何以？主因大陸地區經濟好轉，已無人願意偷渡。[3]同理可證。其他國家僅係提供協助者，並非解決問題之根本。

（一）全球共同解決——聯合國？聯合國雖提出難民全球契約以解決難民問題，並加上聯合國難民署之努力，但僅是飲鴆止渴、杯水車薪，加上各國之不配合或杯葛，如同全球氣候變遷會議，成效有限。

（二）區域各自解決——聯合國雖有一定執行成效，但略嫌不足。若以區域性大範圍，如亞洲解決亞洲難民問題，是否會較為妥適？但必須考量該區域本身結構問題，如非洲區域，本身就很脆弱，是否有能力可勝任？又加害者是該區域國家，似乎不妥，以及該區域應由誰發起？皆是待討論的問題。

---

[3] 有的，皆係不知所云之自稱受迫害者。

（三）地區自行解決——鄰近國家協助？當然，以現行難民協助方式，鄰近國家最為方便，因地理位置方便（回國路途近），伸出援手最直接。然該國家之容量、態度等，皆爲須考量之因素。

（四）國家自行解決？如同先前所說，自己國家自己救，但有時因條件無法配合，複雜度太高，想解決又欠東風，力有未逮。「解鈴還須繫鈴人」，無論如何，只有自己最知悉自己，自己都不願意做，何以等待他人？

第四節　我國難民法草案

依1948年聯合國「世界人權宣言」（Declaration on Human Rights）、1951年「難民地位公約」（Convention Relating to the Status of Refugees）、1967年「難民地位議定書」（Protocol Relating to the Status of Refugee）及1967年12月14日「領域庇護宣言」（Declaration on Territorial Asylum）規定，人民爲避免迫害，享有在他國尋求並享受庇護之權利，各國應尊重他國給予難民之庇護。諸多聯合國會員國，依據前開宣言及原則，對庇護對象、給予庇護之條件、難民之界定、身分之認定、難民之保護及協助、領域內及領域外庇護之區分等制（訂）定相關法令，並建立庇護制度。

爲積極提升人權水準，期與世界人權接軌，落實人權治國理念，並就難民庇護予以法制化，爰參酌上開國際公約、宣言、「公民與政治權利國際公約」、「經濟社會文化權利國際公約」，以及美國、英國、加拿大、日本及韓國等國家庇護制度及法規，擬具「難民法」草案，其要點如下：

一、參酌國際條約及各國立法例，明定申請我國難民認定之情形；另主管機關得先向聯合國難民事務高級專員辦事處請求協助難民認定，或透過聯合國難民事務高級專員辦事處轉介。（草案第3條）

二、申請難民認定之方式；難民之配偶及未滿20歲子女得隨同辦理。（草案第4條）

三、主管機關對於難民認定申請案，應先行初步審查；認應予受理者，應邀集相關機關代表、專家、學者及其他社會公正人士組成審查會共同審查，並明定作成決定之期限。主管機關在審查期間內，得給予申請人在臺停留許可，並享有法律諮詢、醫療照顧及維持基本生活權利。（草案第5條及第7條）

四、主管機關爲調查事證，得要求申請人舉證、接受面談、到場陳述意見、按捺指紋及其他必要之措施。（草案第6條）

五、主管機關於難民認定案件審查期間，得暫予指定申請人住居所或安置，除有所定情形外，不得將申請人強制驅逐出國。（草案第8條）

六、大量難民申請移入我國時，主管機關應邀集外交部、相關部會及民間團體組成專案小組，並與聯合國難民事務高級專員辦事處聯繫，研議處置事宜。（草案第9條）

七、難民認定之申請，得不予許可及得撤銷或廢止許可之情形。經不予許可及撤銷或廢止許可時，主管機關得限期令其出國或強制驅逐出國，及得暫緩執行之情形。（草案第10條、第14條及第15條）

八、未經許可入國之外國人或無國籍人，經許可認定爲難民者，不適用入出國及移民法第74條規定。（草案第11條）

九、難民身分之取得，主管機關得擬訂管制數額，報行政院核定。（草案第12條）

十、取得難民身分者，主管機關應發給難民證明文件，另得申請外僑居留證、難民旅行文件，並得依法申請永久居留或歸化。（草案第13條）

相關草案內容如下：

第一條

為保障難民地位，維護難民權益，促進人權國際合作，特制定本法。

第二條

本法之主管機關為內政部。

第三條

外國人或無國籍人，因戰爭或大規模自然災害被迫離開其原國籍國或原居住國，致不能在該國生活或受該國保護者，得向我國申請難民認定。

外國人或無國籍人，因種族、宗教、國籍、屬於特定社會團體或持特定政治意見，離開其原國籍國或原居住國，且有充分正當理由恐懼受迫害，致不能受該國之保護或因該恐懼而不願返回該國者，得向我國申請難民認定。

外國人有前二項所定事由，且具有二個以上國籍者，以有充分正當理由不能在各該國籍國生活或受各該國籍國保護者，或恐懼受迫害，致不能受各該國籍國之保護，或因該恐懼而不願返回各該國籍國者為限。

申請人依前三項規定向我國申請難民認定者，主管機關得先向聯合國難民事務高級專員辦事處請求協助認定，或透過聯合國難民事務高級專員辦事處轉介。

第四條

外國人或無國籍人申請難民認定，應以書面敘明理由，依下列方式提出申請：

一、在國外者，由我國駐外使領館、代表處、辦事處或其他外交部授權機構受理，並轉報主管機關辦理。

二、於我國國境線或機場、港口尚未入國者，由檢查或查驗單位受理，並轉報主管機關辦理。

三、已入國者，由主管機關受理並辦理之。

依前項第三款規定申請者，應於入國翌日起六個月內，或於知悉有難民事由之日起六個月內提出申請，屆期不予受理。但有特殊情形，經主管機關同意者，不在此限。

依前二項規定提出申請者，應由本人親自辦理，其配偶及未滿二十歲之子女得隨同辦理。但有特殊情形，經主管機關同意者，不在此限。

第五條

主管機關接獲難民認定之申請後，應先經初步審查；初步審查結果認應予受理者，應邀集相關機關代表、專家、學者及其他社會公正人士召開審查會，並於六個月內作成決定。必要時，得延長一次，並通知申請人。

經依前項初步審查後，其顯非屬第三條第一項至第三項所定情形者，依相關規定處理或強制驅逐出國，並將處理情形提審查會報告。

前二項審查會組成、審查要件及程序之辦法，由主管機關定之。

第六條

主管機關審查難民認定案件，得詢問相關機關或有關人員之意見，及要求申請人舉證因戰爭或大規模自然災害無法於原國籍國或原居住國生活或受其保護，或有其他充分正當理由恐懼受迫害，不能受該國之保護或因該恐懼而不願返回該國之事實、接受面談、到場陳述意見、按捺指紋及其他必要措施。

第七條

主管機關依第五條第一項規定審查難民認定案件期間，得給予申請人在臺灣地區停留許可。

申請人於前項所定審查期間，享有法律諮詢、醫療照顧及維持基本生活權利，並應遵守我國相關法規。

第八條

主管機關審查難民認定案件期間，得對申請人暫予指定住居所或安置，非有下列各款情形之一，且經審查會決議通過者，不得強制驅逐出國：

一、有危害我國利益、公共安全或公共秩序之具體事實或重大疑慮。

二、曾有重大非政治性犯罪紀錄。

前項暫予指定住居所或安置之實施、管理及其他應遵行事項之辦法，由主管機關定之。

第九條

大量難民申請移入我國時，主管機關應邀集外交部、相關部會及民間團體組成專案小組，並與聯合國難民事務高級專員辦事處聯繫，研議處置事宜。

第十條

外國人或無國籍人申請難民認定，有下列各款情形之一者，得不予許可：

一、曾從事國際條約或協定所規定之侵略罪、戰爭罪、滅絕種族罪或違反人道罪。

二、已受其他國家或原國籍國保護。

三、曾途經或來自可受理難民申請之第三國。

四、有危害我國利益、公共安全或公共秩序之虞。

五、曾有重大非政治性犯罪紀錄或曾遭拒絕入國、限期令其出國或強制驅逐出國。但犯罪紀錄係當次未經許可入國者，不在此限。

六、原申請事由已消失。

前項不予許可之決定，主管機關應以申請人理解之語言文字作成處分書送達申請人，並載明主旨、事實、理由、法令依據、不服該決定之救濟方法、期間及受理機關。

第一項第三款所稱可受理難民申請之第三國，由主管機關公告之。

第十一條

未經許可入國之外國人或無國籍人，經許可認定為難民者，不適用入出國及移民法第七十四條規定。

第十二條

難民身分之取得，主管機關得擬訂數額，報請行政院核定後公告之。

依第九條規定申請移入我國者，不受前項公告數額之限制。

第十三條

取得難民身分者，主管機關應發給難民證明文件。

持有難民證明文件者，得申請外僑居留證及難民旅行文件，並得依法申請永久居留或歸化。

第七條所定難民申請人及經許可認定為難民者在我國之停留期限、法律地位、相關權利義務、核發證件種類、效期及其他應遵行事項之辦法，由主管機關會商相關機關定之，但不得牴觸「聯合國難民地位公約」第三條、第四條、第五條、第十二條至第三十四條之規定。

第十四條

經許可認定為難民，有下列各款情形之一者，得撤銷或廢止其許可：

一、有第十條第一項所定各款情形之一。

二、自願再接受原國籍國之保護。

三、重新取得原喪失之國籍或自願回復原國籍。

四、取得新國籍，且得由新國籍國予以保護。

五、自願定居於其他第三國，或再定居於曾因恐懼受迫害而離開之國家。

六、難民認定之事由消滅。但因恐懼再受迫害，而拒絕原國籍國或原居住國之保護者，不在此限。

依前項規定撤銷或廢止許可者，主管機關應以申請人理解之語言文字作成處分書送達申請人，並載明主旨、事實、理由、法令依據、不服該決定之救濟方法、期間及其受理機關。

第十五條

主管機關對於不予許可認定為難民者，或許可經撤銷或廢止者，得限期令其出國，屆期未出國者，得強制驅逐出國。但有下列各款情形之一者，得暫緩執行：

一、懷胎五個月以上或生產、流產後二個月未滿。

二、罹患疾病而強制驅逐出國有生命危險之虞。

三、遭遇天災或其他不可避免之事變。

第十六條

本法施行細則，由主管機關定之。

第十七條

本法自公布後一年施行。

第五節　有關現行處理難民機制（法規）

在難民法尚未完備立法程序前，現如有發生難民事件，其處理方式因不同人別有不同的處理法規，說明如下。

一、外國人等（含無國籍人）

雖未來難民法針對的對象係外國人及無國籍人，惟是否現行機制部分將無法處理？答案是否定的。外國人入境我國，除免簽或落地簽（土耳其）國家外（當然，此些國家發生難民之機率微乎其微），必須持簽證方可入國。換言之，簽證之核發將是一大重點。依據「外國護照簽證條例施行細則」第10條第1項及第13條第1項後段規定，無論停留簽證或居留簽證，均內含外交部核准之活動。易言之，只要外交部核發簽證，任一國家難民皆可入境我國。復依入出國及移民法第22條規定：「外國人持有效簽證或適用以免簽證方式入國之有效護照或旅行證件，經移民署查驗許可入國後，取得停留、居留許可（第1項）。依前項規定取得居留許可者，應於入國後之翌日起算三十日內，向移民署申請外僑居留證。……（第2項）。」

（一）**以停留簽證入國**：如有入出國及移民法第23條第1項共10款之情形，可以申請停留轉居留，並申請核發外僑居留證。蓋因此類人士，如有第23條情形，即可來臺，無需另以外交部專案；無此條件者，將以停留方式在臺，因係外交部許可，無須擔心停留時間。

（二）**以居留簽證入國**：查驗入國後，無須條件資格，可直接申請外僑居留證在臺。

爰無論停留簽證或居留簽證，留臺皆一無困難。問題癥結點在於：烏克蘭人願不願意來我國、我國願不願意提供簽證，以及如何來臺灣。

二、大陸地區人民

吊詭的是，有些大陸地區人民以難民身分前來臺灣地區，惟因有「海峽兩岸共同打擊犯罪及司法互助協議」及「金門協議」之機制在，要認定為難民有一定難處，加上現行「臺灣地區與大陸地區人民關係條例」亦有一定的因應流程。

首先，依上開條例第17條第4項，內政部得基於「政治考量」，專案許可大陸地區人民在臺長期居留。另「大陸地區人民在臺灣地區依親居留長期居留或定居許可辦法」第18條第1項第5款「領導民主運動有傑出表現之具體事實及受迫害之立即危險」，得予專案許可長期居留（須經審查會審議）。專案許可長期居留滿2年，可申請定居，成為我國國民，此即為現行處理模式。

三、香港（澳門）居民

因香港反送中、港版國家安全法制定之影響下，香港居民有往國外及臺灣移民之趨勢。然以香港人之態勢及高度，絕對不願意承認自己是難民。以現行「香港澳門關係條例」第18條規定：「對於因政治因素而致安全及自由受有緊急危害之香港或澳門居民，得提供必要之援助。」另依「香港澳門居民進入臺灣地區及居留定居許可辦法」第16條第1項第11款規定：「有本條例第十八條之情形，經大陸委員會會同有關機關審查通過。」即可申請在臺居留。而居留滿1年後（可出境30日），可申請定居，取得國人身分。

第九章

關鍵基礎設施

國家建設發展，必須要有相關軟硬體配合，缺一不可。在現代國家整體運作，「關鍵基礎設施」（Critical Infrastructure, CI）扮演最具樞紐與基礎的角色。

第一節　國家關鍵基礎設施之性質

一、意義與類型

何謂「關鍵基礎設施」？其係指支持著國家與社會運作所需要的重要功能設施與系統，包括能源、通訊、交通、機場、港口等。依照美國國家關鍵基礎設施保護計畫（National Infrastructure Protection Plan, NIPP）的界定，關鍵基礎設施包括16種類型：食物與農業、商業設施、水壩、能源、資訊設備、銀行與財政、通訊、防禦工業據點、政府設施、交通系統（包括港口與停泊點）、化學設施、重要製造業、能源服務、醫院與公眾健康、核子反應爐與核原料及核廢料、水資源（Bullock, Haddow, and Coppla, 2020: 471-472）。

二、重要性

上開16種設施，皆與國家建設之進展或人民日常生活息息相關，甚或系統間之運轉、相互連結及複雜度皆有牽連。任一設施發生中斷或毀壞，導致其功能失效，則包含商業、安全、活動、維繫生活物品補足，以及其他主要或次要事務將受其衝擊；嚴重的話，可能中斷都市、整體社會運作機能，造成國家經濟建設重大損失，降低政府聲譽與信用，甚至可能影響國家內外安全。其重要性（危險因子）爲（Bullock, Haddow, and Coppla, 2020: 472-473）：

（一）**關鍵性**：關鍵基礎設施的重要性，主要在於其對安全上、社會功能有效性之確信角色，必須要花費許多努力（經費）去保護，避免可能的危險及威脅產生，造成無法彌補的損失。

（二）**揭露（exposure）**：關鍵基礎設施設置地點典型地反映人們居住型態，人口的易受傷害時常意味著係關鍵基礎設施存在所造成之結果。

（三）**裁減（redundancy）**：關鍵基礎設施之複雜性與支出，可阻礙裁減系統之可用性。例如，重要的橋梁損害，對人口與經濟及交通將有嚴重衝擊，裁減重要性將於此刻顯露出。

（四）**系統複雜性**：關鍵基礎設施既複雜又相互連結；某一區塊的設施失靈或停滯，連帶地將對其他設施形成大災難。

（五）**危機來源**：一旦關鍵基礎設施受損害，麻煩於焉展開。然而，損害有時會因個別案件之生成而個別發生，其結果，對生命形成威脅即刻成形。例如，核電廠之有毒廢料不愼外洩，其衝擊將會是長期且擴散的結果影響。

（六）**地理範圍與人口服務**：世界越趨都市化，使人們生活空間稠密，估計全球每平方公里約59.9人。[1]關鍵基礎設施所提供的服務，有時也橫跨數萬公里之遠；若有突發狀況，也許發生於規模不大的區域，但其影響人數可能達上百萬人之多。

（七）**管轄權**：關鍵基礎設施之所有權、操作權或規範權係由政府部門、私部門、半官方或大眾共同享有及參與，責任也同時承擔。由於管轄權與責任分屬不同機關（構），對於管理手段，以及減少風險、災害處置所採取之方法，也大異其趣。惟減少釀災發生機率，應爲眾人之共識。

---

[1] 聯合國經濟及社會事務部，https://population.un.org/wpp/Download/Standard/Population，查閱日期：2024/4/22。

（八）**恐怖分子與從事破壞活動之估量**：關鍵基礎設施易爲恐怖分子從事破壞活動的目標，其評估或實際造成的效果也易爲恐怖分子所接受。爰此，包括交通設備、能源、通訊、電力、水力或資訊設施等，均易成爲恐怖分子破壞的首要選擇。

三、減少損害之發生

除恐怖攻擊爲無法掌握之因素外，實際上，大多數災難之發生係人爲所造成的，故如何減少關鍵基礎設施的危機發生，更應爲吾人所重視。

一般說來，關鍵基礎設施產生問題的來源有（Bullock, Haddow, and Coppla, 2020: 474-475）：

（一）**設置地點不良**：例如，於人口數眾多的地方設置水壩、核電廠、飛機跑道（需要足夠的空間）等。

（二）**建築物設計不良或材料偷工減料及不適合**：關鍵基礎設施之構造必須要符合一定的標準，包括耐震係數、承受力、結構設計等。有些屬較老舊建築，其建築使用材料或建築模式恐無法承擔現代的技術需求。

（三）**忽略、推遲或不適當的維護**：關鍵基礎設施之裝置或網絡年限、重力、使用期限過長等，其支撐力、阻擋能力恐大幅衰退。定期且適當地保養或維護，以延長其壽命或功能是必要的。若保養不當、忽視，則其災難就可能發生。

（四）**串聯（cascading）失敗**：各項設施複雜具相互依賴性；某一設備內容之毀損，會引起連鎖反應，其他設備也容易緊接著出現問題。

（五）**氣候變異**：全球氣候異常易使關鍵基礎設施產生變化，如強烈風暴、大洪水或極端氣候，對設備本身會增加其損害機會、壓力過大會崩解、軌道易變形等問題，對民眾財產損失或生命亦會產生一定之衝擊。

（六）**都市化與偏僻（remoteness）**：因人口集中，若設施於集中地發生問題，其影響將難以估計。另一方面，若處在遙遠區域，則對人口的威脅較少，但其後續復原、救援工作或處理將花費更多時間及支出。

（七）**規定**：法規，必須切合實際。若無法規，其結果可能會趨於注重利益而非安全；規定彈性不足，則緊守法規、不知變通，無法因事制宜，權宜不足。

第二節　我國的關鍵基礎設施

由於關鍵基礎設施越來越受重視，對國家之重要性不可小覷，國家或私部門當有義務去維繫、保護。以下針對我國的關鍵基礎設施進行說明。

一、我國國家關鍵基礎設施的意涵

依據2018年5月18日修正發布之「國家關鍵基礎設施安全防護指導綱要」，對我國國家關鍵基礎設施的定義如下（行政院國土安全辦公室，2018：3-4）：

（一）**國家關鍵基礎設施**：係指公有或私有、實體或虛擬的資產、生產系統以及網絡，因人爲破壞或自然災害受損，進而影響政府及社會功能運作，造成人民傷亡或財產損失，引起經濟衰退，以及造成環境改變或其他足使國家安全或利益遭受損害之虞者。

（二）**國家關鍵資訊基礎設施（Critical Information Infrastructure, CII）**：係指涉及核心業務運作，爲支持國家關鍵基礎設施持續營運所需之重要資通訊系統或調度、控制系統（Supervisory Control and Data Acquisition, SCADA），亦屬國家關鍵基礎設施之重要元件（資通訊類資產），應配合對應之國家關鍵基礎設施統一納管。

二、國家關鍵基礎設施採三層架構分類的領域

第一層爲主領域（Sector），第二層爲次領域（Sub-sector），第三層

爲次領域下的重要功能設施與系統：

（一）**主領域**：依功能屬性分爲能源、水資源、通訊傳播、交通、金融、緊急救援與醫院、政府機關、科學園區與工業區，共8項主要領域。

（二）**次領域**：各主領域之下再依功能業務區分次領域，例如能源領域下再區分爲電力、石油、天然氣等次領域。

（三）**功能設施與系統**：係指維持次領域重要功能業務運作所必須之設施設備、運輸網絡、資通訊系統、控制系統、指管系統、維安系統、關鍵技術等。

三、國家關鍵基礎設施之主管機關

（一）由熟悉次領域轄內設施之高階長官召集，組成專案團隊，召開跨單位專案會議，設置或指定專責組織與人員擔任行政幕僚，清點轄下可能的重要資產與設施，擬定盤點目標與分工。亦應編列預算與資源支持安全防護管理相關工作，並實施獎懲制度。

（二）督導所轄次領域內之設施進行國家關鍵基礎設施盤點、重要性分級，彙整次領域國家關鍵基礎設施資料，排列安全防護優先次序，提送主領域協調機關綜合評估。

（三）輔導並審核次領域內之各級國家關鍵基礎設施實施風險評估撰擬之「國家關鍵基礎設施安全防護計畫書」，提送主領域協調機關。

（四）負責監督、管考、協助所轄之次領域內之國家關鍵基礎設施提供者執行安全防護及演訓相關工作。

（五）鼓勵研發合乎成本效益的安全維護及耐災韌性技術或設備。

（六）視所屬設施提供者申請軍事勤務隊之需要，彙整資料於每年4月底前向國防部提出申請。

第三節　我國關鍵基礎設施之維護

全球最大的駭客大會「DEFCON」前於2007年8月初在美國賭城拉斯維加斯召開時，與會安全專家就曾警告稱：未來恐怖分子以及駭客會利用新發現的軟體安全漏洞，對包括公民營的電信、能源、銀行、財金、交通、水資源、救災、科學園區，以及製造工廠的「監控與資料擷取系統」（Supervisory Control and Data Acquisition, SCADA）之核心電腦進行大規模攻擊。監控與資料擷取系統儼然已成爲駭客下一個攻擊的目標，所以未來各國面臨的將會是相當複雜且難以獨自處理的重大資通安全防護問題。

環顧我國資訊科技發展，已歷經多年的基礎；然而，時代在變，潮流在變，近年來資訊科技之進步，面對傳統社會生活已然造成本質上的改變，亦牽動著國家競爭力與國家安全的轉型。身處資訊快速變遷的環境中，我國自當不斷地調整自己，做好因應挑戰的準備，並爲國家關鍵基礎建設的防護工作預作規劃。

一、國家關鍵基礎設施防護演習（行政院國土安全辦公室，2020：9-13）

（一）演習概念

依據美國國土安全部的定義，演習是「在無風險的環境下，針對預防、保護、應變、復原能力，進行訓練、評估、實踐、改善的一種手段，可用以檢查及驗證政策、方案、程序、訓練、裝備、跨單位及領域（部門）之協調與支援，闡明應變人員的角色與責任，促進跨領域（部門）之協防與溝通，找出資源缺口、改善個人應變能力、善用改進機會」。

（二）演習功用

演習具有驗證應變程序與計畫、教育訓練、決策模擬等功能，對關鍵基礎設施而言，辦理演習的功用在於：1.驗證風險之控制及防護、應變計畫之可行性與有效性；2.找出防護及應變計畫之缺失；3.確認人力、資源來源，揭露人力、資源缺口；4.促進指揮官與幕僚之決策支援管理，相關人員及單位、機關（構）間的溝通、協調與默契，以強化夥伴關係；5.釐清個人及單位的角色與職責；6.熟練個人負責之任務，提升執行績效，建立信心；7.激發長官支持防護及緊急應變計畫；8.加強對緊急事件之應變處置及管理能力；9.認識外部支援協定單位或協力廠商之能量，加強交流合作；10.培養應變團隊、公部門、私部門之聯合整備、緊急應變及分工合作之共識；11.釐清中央政府、地方政府、設施現地之各種應變機制的協調合作關係。

（三）演習類型

依2018年版「CIP指導綱要」，演習方式可混合採取桌上推演（問題探討及狀況模擬）、兵棋推演（想定及狀況處置）或實兵演習（依兵棋推演內容模擬實地、實物、實作方式演習），以上演習均應整合相關機關／單位參與，以強化效果；建議在籌備演習期間，可先透過桌上推演（Tabletop Exercises），預想正式演習可能的情況，作為規劃演習之參考。以下就這三種演習類型說明如下：

1. 桌上推演：可設定假設議題或模擬緊急事件，強調驗證預警機制、應變計畫，熟練現行作業程序，排練演習概念與構想，並作為進階演習計畫之基礎；一般先針對設施的弱點與威脅，假設可能的攻擊情境實施分組討論，以便溝通情境可能的發展時序，並討論應該處置之事項；最後各分組集中，一起討論主要疑點、交叉提問、協調解決有爭議的任務，以達成協同應變。參演人員可被激發勇於合作與尋求解決問題之道，進而建立改善與達成演習目的方法。
2. 兵棋推演：相當於美國國土安全部所定義的模擬演習（Games），仍屬於研討型演習之一種，偏重指揮所或應變中心的運作，是設計用以驗證應變計畫及評估應變能力，是多重功能、從屬功能及相互依存的團體間之功能性模擬演習；主要重點聚焦於演習計畫、政策、程序以及參謀、組織團隊之間的管理、指導、指揮與管制功能。本演習方式一般由管理階層主導，選定趨於真實、及時的情境，惟人員與裝備通常採取模擬的假設方式進行。

3. 實兵演習：小型的實兵演習，相當美國國土安全部所定義的實兵型演習（Operations-Based Exercises）中的訓練演習（Drills）或功能演習（Functional Exercises, FE），置重點於相互協調，特別是所屬人員之職能訓練，針對個別組織與單位，驗證其特殊功能與能力，有時可以搭配兵棋推演實施，以驗證部分應變情境中是否能採取正確的行動，人員配置與空間動線是否扞格；有時也藉以訓練操作新裝備，驗證操作程序，熟稔操作技巧。是以，訓練式演習是協助熟悉裝備操作的最佳演習模式，進而提供爲全規模或複合式演習預作前置的準備。

   大型的實兵演習較接近美國國土安全部所定義的全規模（複合式）演習（Full-Scale Exercises, FSE），其特色是眞實反映演習情境之假定、驗證通報流程、動員人力與物力等相關資源與支援的方法與手段。[2]

2　因內容眾多，有興趣之讀者可自行參閱該指導手冊。

第十章

跨國（境）犯罪與其他

全球化進展迅速，各國無不受其影響或層次不一之衝擊；而在全球化趨勢下，國與國之間的藩籬縮小、消失，人與人間之距離感亦被打破。在此之下，跨越國界所造成的問題已快速成為公共領域中熱門的話題。在人員、貨物或資金往來跨越邊界日趨熱絡的境況中，犯罪組織及其衍生問題也隨著進出疆界而至，無論犯罪類型、模式、手段或結果等。一時間，跨國（境）犯罪也成為各國政府研究及亟待解決的議題。在跨國（境）犯罪類型中，組織犯罪、洗錢、人口販運、販毒等，最受人重視。不僅是因其影響國家甚鉅，且對人權、社會發展、人民及國際社會等，均帶來嚴重的損傷。1996年聯合國報告中稱跨國（境）犯罪為新型態的地緣政治（new form of geopolitics），且為新的國家安全威脅。[1]

由於跨國（境）犯罪日漸猖獗，且個人安全、社會安定及法律執行皆受其影響。某些落後國家、貧窮國家、腐敗政權或地區熱點（spots），甚至提供此些犯罪發展的溫床或勢力之延伸，讓其行動更為方便（Brown and Hermann, 2020: 2, 165-166）。爰，無論在國際層面上或各國國內，受其衝擊與效應是難以避免的。傳統上之安全機制是否足以因應，值得吾人仔細思索。而隨著網路崛起、AI人工智慧增生，新型態的犯罪又不斷產出，面對影響每一個人日常生活作息的犯罪行為，有所因應作為將是保障自身的法門。以下僅就涉及主題相關事項，分別說明之。

1 參閱聯合國關於犯罪和公共安全問題的宣言，https://www.un.org/zh/documents/treaty/A-RES-51-60，查閱日期：2024/5/10。

第一節 跨國犯罪

跨國犯罪早在埃及與羅馬時期即已存在。何謂跨國犯罪？目前犯罪學上對此未有明確的定義（Bruinsma, 2015: 1），如依據聯合國之定義：跨國犯罪，指犯罪活動實施於一個國家以上、某一國家策劃而於另一國家執行，或者於某一國家從事犯罪活動而外溢至其他國家（UN, 2000）。[2]其與國際犯罪（international crime）並不相同；國際犯罪是由國際法上所界定，如種族屠殺及違反人權之犯罪，是兩個不同的犯罪型態，國際犯罪無法將其置於跨國犯罪之下。

基本來說，跨國犯罪必須是涉及超過一個以上之國家，其犯罪活動之發生，是所有國家都認定是違法，或至少有一個以上國家認爲是非法的。1980年代跨國犯罪興起，其衝擊是全球性的。雖然稱之爲犯罪，但凡事有一體兩面，在某些國家是犯罪，但至其他國家未必是，如阿拉伯國家允許觀光客消費非法酒精、透過走私可以買到價格較低的香菸等（Bruinsma, 2015: 2）。基本上，跨國犯罪是有關轉運合法與非法物品、提供非法服務至他國，包括當代的資訊犯罪、破壞企業組織、由其他國家透過操控其網路爲政治及軍事策略原因、人口販運等。何以發生跨國犯罪？幾乎難有整合性的理論解釋，不同理論有不同的解釋，如經濟理性選擇理論（economic rational choice theory）認爲，跨國犯罪之所得利益高於其他犯罪；地緣與社會理論（geographical and sociological theory）則將其焦點放在爲何某些區域有較多犯罪（者）；文化理論（cultural theory）研究爲何某些移民團體會將其特定的犯罪帶入目的國內；自我控制理論（self-control theory）將重心放在青春期犯罪上（Bruinsma, 2015: 4-5）。不過，個人認爲跨國犯罪之發生，乃犯罪利益、所得、組織要求（如恐怖分子及其攻擊行動）、樹立組織領導威信或兩國不同組織雙方合作等，當然，經濟上之獲得最大化，大概是跨國犯罪最主要產生之原因。

---

2 另可參閱聯合國毒品與犯罪問題辦公室（UNODC），https://www.unodc.org，查閱日期：2024/4/22。

一、跨國犯罪的特性

有關跨國犯罪之特性，包含以下幾項（Giraldo and Trinkunas, 2010: 432-433）：

（一）政府與學者皆認爲跨國犯罪是最主要的國際安全威脅來源，但傳統國際關係較少關注此。

（二）國際潮流，如全球化，並非是跨國犯罪的意圖結果。

（三）跨國犯罪所形成的威脅，包含範圍與嚴重性，其影響性大，即使是一嚴謹執法國家也無法避免。

（四）運用組織形式與國內政治理論，可提供吾人洞察威脅之天性及如何強調它。

（五）跨國犯罪涉及持續跨境之犯罪活動利益。

（六）並非組織犯罪皆屬跨國犯罪，但現今有增加犯罪動機給予犯罪集團去執行跨國犯罪。由於不同國家對非法物品與服務供需之不同，爲其所衍生出不同結果。

（七）大部分觀察家同意，跨國犯罪集團其規模大小、組織結構或行動模式皆不相同。

（八）某些人認爲這些團體爲富有、力量大、暴力，以及由某一小群人所掌控。

（九）大部分跨國犯罪行動係透過個人網絡與小團體，採取暫時性或基礎性的處理小組行動，避免與執法人員發生正面衝突。

二、類型

有關跨國犯罪類型，大致上可分爲18種：（一）洗錢；（二）非法藥物走私；（三）官員貪污；（四）企業間諜；（五）假破產；（六）保險詐欺；（七）電腦犯罪；（八）剽竊智慧財產權；（九）非法武器運送；（十）恐怖主義；（十一）劫機；（十二）海盜；（十三）陸地上之挾持；（十四）人口走私；（十五）走私人體器官；（十六）藝術品及古物之盜賣；（十七）環境犯罪；（十八）其他非法走私（Mueller, 2001: 13-

21；Giraldo and Trinkunas, 2010: 430；孟維德，2015：4-7）。

而在整體跨國犯罪進程中，以網絡（network）形式所組成者，爲跨國犯罪的一大特殊性，由於現今資訊發展神速，網路無國界，爰網絡之組成，可以是同鄉會、同學、同好、同事或臨時任務性（突發）之組成，且具有高度複雜性，範圍可大、可小、可廣，配合實際需要予以彈性化、效率佳，在某方面具特殊才能與快速反應及回復力，另亦可以電腦資訊交流方式進行，人財皆無須出面，查察起來特別吃力、費時及需要具備專業技巧。再者，網絡是一去中心化、扁平化的組成模式，「產出可極大化、危險再極小化」以面對執法單位之追緝（Giraldo and Trinkunas, 2010: 432）。

第二節　組織犯罪

組織犯罪是一持續性的犯罪組織，利益之取得係透過、且時常是大眾所需求之非法活動，其持續性存在是利用武力威脅、獨占控制，或以賄賂官員方式經營維繫（Albanese, 2004: 4）。FBI認爲犯罪組織是一個別性團體，有其獨特的階級、可辨識的結構，並從事於特別的犯罪活動。聯合國則定義爲：有結構性組織，由3人以上組成，已存在有一段時間，其合作行動目的在執行一個或多個重大犯罪，爲獲得利益，而直接或間接地取得財務上的收益或其他物質上的好處。有結構性組織，指非隨意地組成爲了即刻犯罪行爲，而不需要正式地限定成員角色、持續地爲其成員發展結構模式。而系統性暴力與腐敗，常被視爲是組織犯罪之生成基礎（Giraldo and Trinkunas, 2010: 431）。組織犯罪如跨越國界，則形成跨國組織犯罪，如墨西哥毒品、人口販運或人口走私之運送至美國，常會跨越美墨邊界，且不可能跑單幫，在另一頭必會有接應之人，因此這些活動，必須要有雙方組織之接洽、聯繫或支應，形成跨越國界之組織犯罪。

在組織犯罪中，某些國內犯罪組織不安於室，常與國外當地犯罪組織有所連結、結盟，甚至以個別企（商）業化方式，合理、合作及合法化包裝形象，搖身成爲大企業，骨子裡卻繼續從事非法勾當，如義大利黑手黨（義大利—紐約）、中國三合會（香港—舊金山）、哥倫比亞大毒梟、日本黑幫及俄羅斯黑手黨等。其透過擁槍、製造混亂、暴力威脅、販毒、賭博或色情行業等，取得組織利益、金錢或個人權力，嚴重侵蝕國家經濟、資本、社會發展，弱化執法機關的職責，在1980年代及1990年代全球化下，交通運輸系統便利、人流管控亦形成漏洞，更給予犯罪組織有滲透的機會（Huisman, Baar and Gorsira, 2015: 149-155；Kleemans, 2015: 72-173）。

一、跨境犯罪組織崛起原因（Giraldo and Trinkunas, 2010: 431-433）

（一）跨國社群之快速且易於成立。

（二）國際商務及銀行交易日趨成長。

（三）蘇聯解體與東歐之失落，侵蝕國家主權及執法（包括不平等）情事增多。

（四）國際非法交易、藥品及非法移民增長、群起，並且進入富裕國家，如美國、西歐。

（五）全球化之影響，跨國人流、貨物、服務及錢財之自由化流通。

（六）受高利潤影響。

跨國組織犯罪在政府機關體質上羸弱、警察效率低落，以及其公民經濟機會低之情境下，較易發生。

二、國際犯罪組織之最大威脅（NSC, 2000）[3]

（一）大規模破壞武器。

（二）藥物走私。

（三）藥物恐怖分子：1.栽種可製造非法藥物之植物；2.製造；3.分散控制資產（substance）；4.取得與洗錢。

[3] 可參閱美國國家安全委員會，https://www.whitehouse.gov/nsc/，查閱日期：2024/4/22。

（四）與恐怖主義有關犯罪。

（五）人口販運。

（六）智慧財產犯罪。

另依「聯合國毒品與犯罪問題辦公室2021-205戰略報告」，跨國犯罪組織之威脅爲：[4]

（一）跨國犯罪組織涉及腐敗，透過賄賂不同的政府官員，提供有關機制，以影響政府與公部門的政策運作。因此，某些國家跨國犯罪組織顯得更加有權力，可改變及取代國家的獨占權，甚至其力量，如在哥倫比亞、秘魯或波利維亞某些區域即是如此。

（二）政府視跨國犯罪組織爲一安全上威脅，並對國家民主穩定性有所影響。

（三）跨國犯罪組織亦被視爲對經濟發展的重大威脅，其會侵蝕法令原則，降低外國之投資；另一方面，也會因合法之經濟活動，成爲洗錢之管道，並且會破壞市場遊戲規則及競爭公平性。

（四）跨國犯罪組織之變數，包括其組織規模、結構與其活動範圍，對後續的行動及採行做法，都會造成大小不等的衝擊。

（五）侵犯人權及阻礙繁榮穩定。

（六）破壞地球生物多樣性，非法伐木、採礦、瀕臨危險物種貿易及濫捕。

（七）恐怖團體繼續宣傳及宣稱治理之失敗，同時威嚇普通民眾之安全。

（八）非法藥物種植、生產和販運，達到前所未有之程度，對個人及社區安全、健康和福祉構成嚴重威嚇。

對此，毒品和犯罪問題辦公室的做法，包括：[5]

（一）毒品和犯罪問題辦公室工作人員的技能和知識，包括駐維也納和83個國家的工作人員之技能和知識，以最大限度發揮影響、激勵創新

---

4 以下內容參閱聯合國毒品與犯罪問題辦公室（UNODC），https://www.unodc.org，查閱日期：2024/4/22。

5 以下內容參閱聯合國毒品與犯罪問題辦公室（UNODC），https://www.unodc.org，查閱日期：2024/4/22。

及優化能力。

（二）幫助建立強而有力的國家機構和區域網絡，以維護法治、打擊有罪不罰現象，並爲其人民伸張正義。

（三）支持制定影響性的、協調一致並針對具體情況作出調整的立法和政策框架。

（四）加強多學科參與性互動協作，以發展有韌性的社區。

（五）與相關利益攸關方結成夥伴關係，以最大限度發揮影響。

其核心優勢爲：

（一）支持各國努力有效保障邊境、港口、機場和海域安全。爲此，將幫助各國建立邊境聯絡處，確保海港、陸港以及機場的集裝箱和貨物管制，加強對機場犯罪和恐怖主義的偵查，全面打擊發生在國家海域和公海的犯罪。

（二）透過支持區域和全球一級的執法網絡，建立從業人員開展聯合或併行行動的能力，並擁有成功瓦解跨國組織犯罪集團的必要工具，促進情報共享及與警方之間的合作。

（三）加強包括引渡、司法協助和資產追回在內的國際合作的有效性，透過支持聯網和能力建設，以及開發實用工具和知識庫，充分發揮國際公約的潛力。

（四）爲多利益攸關方夥伴關係（包括政府和非政府行爲者，如民間社會、私營部門和相關的區域、國家和地方機構）創建平臺、爲會員國在優先領域的努力提供更多支持。

三、有關相關主題未來5年之做法

（一）預防和打擊有組織犯罪

1. 協助轉讓有組織犯罪公約締約方會議和其他理事機構的任務授權方面的專門知識。
2. 加緊努力了解和分享與預防和打擊有組織犯罪相關的知識，如涉及販運人口和偷運移民、走私槍枝、販運文化財產，以及新出現的跨國有組織犯罪形式，包括影響環境的跨國有組織犯罪。

3. 建立會員國爲查明和瓦解有組織犯罪集團開展聯合和併行行動的能力。
4. 提供國內援助，以打擊網絡犯罪及其與其他形式有組織犯罪、腐敗、資助恐怖主義行爲和非法資金流動的關聯。
5. 幫助各國協助有組織犯罪的受害者，並保護證人。
6. 支持各國發展其立法和刑事司法制度，以減少有罪不罰現象。

（二）預防和打擊恐怖主義

1. 加強會員國的刑事司法系統，使之以符合其人權義務的方式處理與打擊和預防恐怖主義有關的問題。
2. 幫助確保會員國的法律框架全面和實質性地遵守19項國際反恐法律文書。
3. 加強用以打擊資助恐怖主義行爲並起訴此類行爲的機制，包括透過區域和全球倡議作此加強。
4. 與相關夥伴合作，透過解決恐怖主義的根源，防止可能導致恐怖主義的暴力極端主義，特別是在年輕人中。
5. 擴大在實地的存在，以確保會員國能夠應對與恐怖主義有關的新問題，並向受害者提供支持。

（三）預防犯罪和刑事司法

1. 促進適用預防犯罪和刑事司法標準，以實現和平社會、訴諸司法以及有效、可問責和包容的機構。
2. 向會員國提供技術援助，以加強刑事司法系統，並爲有效預防和應對販毒、網絡犯罪，包括海上犯罪在內的有組織犯罪和恐怖主義奠定必要的基礎。
3. 加強刑事司法系統與其他政府部門和民間社會之間的合作，以有效預防和應對暴力和犯罪，並減少脆弱性。

第三節　移民與犯罪（組織）

組織犯罪的根基，約於1800年代及1900年代早期形塑，街頭幫派在美國城市成形，愛爾蘭裔、義大利裔、猶太裔、波蘭裔移民，在東西岸城市安頓，包括紐約、芝加哥等。為了躲避經濟惡劣情況、政治情境、宗教迫害，或者因為招募而來到此國家，在相同文化、風俗、宗教下，他們居住於貧困區域，而受原生美國人之歧視。故同鄉組黨成群，一方面為生活著想，一方面可以以此當成保護傘。而其等慢慢與犯罪案件連結，日後逐漸壯大，（移民）組織犯罪也順應生成。

移民與（組織）犯罪是否會有連結，在現今美國社會一直是爭論的焦點之一。全球化下，移民所違犯犯罪案件持續增加，因其有跨國穿透性、跨境資訊科技、人員、資金、貨物及服務不斷流動的現象，易相互影響生成。跨境犯罪如國際禁藥走私、武器私運、財務詐欺、盜領身分等行為，皆形成大小不一的威脅，對全球國家的政經、文化產生不少衝擊。爰此，各國警政單位對如何管控跨國犯罪問題之重要性，不可言喻。當然，單純外來移民所觸犯之犯罪（無涉組織性）案件也不在少數，意味著只要是人，都有犯錯之可能，以臺灣地區為例，根據警政署統計，2022年外籍人士（不含陸港澳，因未有統計資料產出）在臺觸犯刑事案件之嫌疑犯共有5,293件，4,858人，比過去皆為增加。其中，以詐欺背信、竊盜及傷害占前三名。[6]

我們深知絕大多數的移民者係循規蹈矩之人，但因移民本身非屬該國人民緣由，一旦有犯罪事件發生，容易被放大，其殺傷性也更高。不過，假若移民與恐怖組織有所連結，則其造成之破壞力較難以估計，且查證或追緝更顯困難，除非有確切情資。敘利亞之難民潮，即有恐怖分子喬裝混進，藉機進入歐洲等國家，並於適當時機進行破壞（Martin, 2020: 165）。設想此些人進一步再與當地犯罪組織搭上線，[7]則其後座力與效果

[6] 參閱警政署網站，https://www.npa.gov.tw/ch/index，警政統計項下之警政統計年報表11，查閱日期：2024/5/15。

[7] 不過，個人是覺得，畢竟恐怖分子是外來客，非本國國民，且其從事之破壞即在當地國，犯

將是非常驚人。然兩者之結合，並非先前已布局或由來已久，而皆屬偶然間或突發下的插曲（episodic）（Giraldo and Trinkunas, 2010: 437）。

第四節　洗錢

洗錢（Money Laundering）一詞，源自於1930年代芝加哥黑道大亨艾爾・卡彭（Al Capone），爲了合理化其因犯罪活動賺得的錢財，並意味著其錢財是「髒錢」（dirty money）且與犯罪有關，透過清洗，將犯罪結果洗滌，成爲清白乾淨的錢（clean money）。本詞彙於1980年代「水門案」後，因嚴重的組織所犯下而逐漸爲人所用，包括國際非法藥物走私及國際銀行介入洗錢之醜聞。洗錢不僅涉及組織犯罪或恐怖主義，同樣地，也有傳統的企業犯罪、詐欺、賄賂或固定價格（壟斷）的犯罪問題。另一方面，洗錢常透過合法的企業或商業團體進行，無金錢流向或專業知識，很難察覺其違法與否。因而，洗錢有人稱作「將非法的金錢隱藏，透過正常管道轉出成合法的收入」（Huisman, Baar and Gorsira, 2015: 156）。因此，許多國家要求金融機構針對來路不明或交易異常等錢財，或者是銀行本身受緊盯者（前有不良紀錄），有責任通報相關單位。而其中，尤其是國際走私販毒集團，更是利用洗錢之愛好者。

1972年所成立的國際商業信貸銀行（Bank of Credit and Commerce International, BCCI），總部位於倫敦，爲全球第七大的私人銀行；於1991年倒閉，而在其倒閉前，全球有78個國家和地區設有超過350個辦事處。1988年至1990年，因美國佛羅里達分行涉嫌爲販毒集團處理贓款，遭受調查，至此聲譽受損。於有關單位進行內部清查時，該銀行被發現有一連串如洗黑錢、替恐怖分子及獨裁政權（包括哥倫比亞麥德林市大毒梟、巴拿馬軍政府首領諾列加在內人等）輸送資金等不法行爲（Passas, 1996: 52-72）。此爲最惡名昭彰的洗錢案。

罪組織亦有其道義及愛國心存在，不忍見此些人於國內恣意從事燒殺毀損等壞事，談合作還是有難度。

為有效遏止國際上層出不窮的洗錢犯罪歪風，防制洗錢金融行動工作組織（Financial Action Task Force, FATF）於1989年成立，成爲打擊洗錢最有利的機構，其業務亦包括查察恐怖組織的金錢流向。因洗錢常涉及賄賂、詐欺、價格壟斷（price fixing）或貪腐之結果，因而此些犯罪所得，也是洗錢的查緝重點之一。

近年來，因司法實務發現金融、經濟、詐欺及吸金等犯罪所占比率大幅升高，嚴重戕害我國金流秩序，影響金融市場及民生經濟，且因我國於1997年加入亞太防制洗錢組織（Asia/Pacific Group on Money Laundering, APG），有遵守防制洗錢金融行動工作組織於2012年發布之「防制洗錢及打擊資助恐怖主義與武器擴散國際標準」40項建議（以下簡稱FATF 40項建議）規範之義務，爰行政院於2017年3月16日，在行政院層級成立「行政院洗錢防制辦公室」，透過專責辦公室之方式，培訓中央部會人員，並全力推動第三輪相互評鑑籌備工作之進行。

為有效執行及強化管理，我國遂於1996年制定洗錢防制法，成爲亞洲第一部洗錢防制專法。2024年7月31日修正全文，有關內容如下。

一、洗錢防制法

第一條

為防制洗錢，打擊犯罪，健全防制洗錢體系，穩定金融秩序，促進金流之透明，強化國際合作，特制定本法。

第二條

本法所稱洗錢，指下列行為：

一、隱匿特定犯罪所得或掩飾其來源。

二、妨礙或危害國家對於特定犯罪所得之調查、發現、保全、沒收或追徵。

三、收受、持有或使用他人之特定犯罪所得。

四、使用自己之特定犯罪所得與他人進行交易。

第三條

本法所稱特定犯罪，指下列各款之罪：

一、最輕本刑為六月以上有期徒刑之罪。

二、刑法第一百二十一條、第一百二十三條、第二百零一條之一第二項、第二百三十一條、第二百三十三條第一項、第二百三十五條第一項、第二項、第二百六十六條第一項、第二項、第二百六十八條、第三百十九條之一第二項、第三項及該二項之未遂犯、第三百十九條之三第四項而犯第一項及其未遂犯、第三百十九條之四第三項、第三百三十九條、第三百三十九條之二、第三百三十九條之三、第三百四十二條、第三百四十四條第一項、第三百四十九條、第三百五十八條至第三百六十二條之罪。

三、懲治走私條例第二條第一項、第二項、第三條之罪。

四、破產法第一百五十四條、第一百五十五條之罪。

五、商標法第九十五條、第九十六條之罪。

六、商業會計法第七十一條、第七十二條之罪。

七、稅捐稽徵法第四十一條第一項、第四十二條及第四十三條第一項、第二項之罪。

八、政府採購法第八十七條第三項、第五項、第六項、第八十九條、第九十一條第一項、第三項之罪。

九、電子支付機構管理條例第四十六條第二項、第三項、第四十七條之罪。

十、證券交易法第一百七十二條之罪。

十一、期貨交易法第一百十三條之罪。

十二、資恐防制法第八條、第九條第一項、第二項、第四項之罪。

十三、本法第二十一條之罪。

十四、組織犯罪防制條例第三條第二項、第四項、第五項之罪。

十五、營業秘密法第十三條之一第一項、第二項之罪。

十六、人口販運防制法第三十條第一項、第三項、第三十一條第二項、第五項、第三十三條之罪。

十七、入出國及移民法第七十三條、第七十四條之罪。

十八、食品安全衛生管理法第四十九條第一項、第二項前段、第五項之罪。

十九、著作權法第九十一條第一項、第九十一條之一第一項、第二項、第九十二條之罪。

二十、總統副總統選舉罷免法第八十八條之一第一項、第二項、第四項之罪。

二十一、公職人員選舉罷免法第一百零三條之一第一項、第二項、第四項之罪。

第四條

本法所稱特定犯罪所得，指犯第三條所列之特定犯罪而取得或變得之財物或財產上利益及其孳息。

前項特定犯罪所得之認定，不以其所犯特定犯罪經有罪判決為必要。

第五條

本法所稱金融機構，包括下列機構：

一、銀行。

二、信託投資公司。

三、信用合作社。

四、農會信用部。

五、漁會信用部。

六、全國農業金庫。

七、辦理儲金匯兌、簡易人壽保險業務之郵政機構。

八、票券金融公司。

九、信用卡公司。

十、保險公司。

十一、證券商。

十二、證券投資信託事業。

十三、證券金融事業。

十四、證券投資顧問事業。

十五、證券集中保管事業。

十六、期貨商。

十七、信託業。

十八、其他經目的事業主管機關指定之金融機構。

辦理融資性租賃、提供虛擬資產服務之事業或人員，適用本法關於金融機構之規定。

本法所稱指定之非金融事業或人員，指從事下列交易之事業或人員：

一、銀樓業。
二、地政士及不動產經紀業從事與不動產買賣交易有關之行為。
三、律師、公證人、會計師為客戶準備或進行下列交易時：
（一）買賣不動產。
（二）管理客戶金錢、證券或其他資產。
（三）管理銀行、儲蓄或證券帳戶。
（四）有關提供公司設立、營運或管理之資金籌劃。
（五）法人或法律協議之設立、營運或管理以及買賣事業體。
四、信託及公司服務提供業為客戶準備或進行下列交易時：
（一）關於法人之籌備或設立事項。
（二）擔任或安排他人擔任公司董事或秘書、合夥之合夥人或在其他法人組織之類似職位。
（三）提供公司、合夥、信託、其他法人或協議註冊之辦公室、營業地址、居住所、通訊或管理地址。
（四）擔任或安排他人擔任信託或其他類似契約性質之受託人或其他相同角色。
（五）擔任或安排他人擔任實質持股股東。
五、提供第三方支付服務之事業或人員。
六、其他業務特性或交易型態易為洗錢犯罪利用之事業或從業人員。
第二項辦理融資性租賃、提供虛擬資產服務之事業或人員之範圍、第三項第六款指定之非金融事業或人員，其適用之交易型態，及得不適用第十二條第一項申報規定之前項各款事業或人員，由法務部會同中央目的事業主管機關報請行政院指定。
第一項至第三項之金融機構、事業或人員所從事之交易，必要時，得由法務部會同中央目的事業主管機關指定其達一定金額者，應使用現金以外之支付工具。
第一項至第三項之金融機構、事業或人員違反前項規定者，由中央目的事業主管機關處交易金額二倍以下罰鍰。
前六項之中央目的事業主管機關認定有疑義者，由行政院指定之。
第四項、第五項及前項之指定，其事務涉司法院者，由行政院會同司法院指定之。

第六條

提供虛擬資產服務、第三方支付服務之事業或人員未向中央目的事業主管機關完成洗錢防制、服務能量登記或登錄者，不得提供虛擬資產服務、第三方支付服務。境外設立之提供虛擬資產服務、第三方支付服務之事業或人員非依公司法辦理公司或分公司設立登記，並完成洗錢防制、服務能量登記或登錄者，不得在我國境內提供虛擬資產服務、第三方支付服務。

提供虛擬資產服務之事業或人員辦理前項洗錢防制登記之申請條件、程序、撤銷或廢止登記、虛擬資產上下架之審查機制、防止不公正交易機制、自有資產與客戶資產分離保管方式、資訊系統與安全、錢包管理機制及其他應遵行事項之辦法，由中央目的事業主管機關定之。

提供第三方支付服務之事業或人員辦理第一項洗錢防制及服務能量登錄之申請條件、程序、撤銷或廢止登錄及其他應遵行事項之辦法，由中央目的事業主管機關定之。

違反第一項規定未完成洗錢防制、服務能量登記或登錄而提供虛擬資產服務、第三方支付服務，或其洗錢防制登記經撤銷或廢止、服務能量登錄經廢止或失效而仍提供虛擬資產服務、第三方支付服務者，處二年以下有期徒刑、拘役或科或併科新臺幣五百萬元以下罰金。

法人犯前項之罪者，除處罰其行為人外，對該法人亦科以前項十倍以下之罰金。

第七條

金融機構及指定之非金融事業或人員應依洗錢與資恐風險及業務規模，建立洗錢防制內部控制與稽核制度；其內容應包括下列事項：

一、防制洗錢及打擊資恐之作業及控制程序。

二、定期舉辦或參加防制洗錢之在職訓練。

三、指派專責人員負責協調監督第一款事項之執行。

四、備置並定期更新防制洗錢及打擊資恐風險評估報告。

五、稽核程序。

六、其他經中央目的事業主管機關指定之事項。

前項制度之執行，中央目的事業主管機關應定期查核，並得委託其他機關（構）、法人或團體辦理。

第一項制度之實施內容、作業程序、執行措施，前項查核之方式、受委託之資格條件及其他應遵行事項之辦法，由中央目的事業主管機關會商法務部及相關機關定之；於訂定前應徵詢相關公會之意見。

違反第一項規定未建立制度，或前項辦法中有關制度之實施內容、作業程序、執行措施之規定者，由中央目的事業主管機關限期令其改善，屆期未改善者，處金融機構新臺幣五十萬元以上一千萬元以下罰鍰、處指定之非金融事業或人員新臺幣五萬元以上五百萬元以下罰鍰，並得按次處罰。

金融機構及指定之非金融事業或人員規避、拒絕或妨礙現地或非現地查核者，由中央目的事業主管機關處金融機構新臺幣五十萬元以上五百萬元以下罰鍰、處指定之非金融事業或人員新臺幣五萬元以上二百五十萬元以下罰鍰，並得按次處罰。

第八條

金融機構及指定之非金融事業或人員應進行確認客戶身分程序，並留存其確認客戶身分程序所得資料；其確認客戶身分程序應以風險為基礎，並應包括實質受益人之審查。

前項確認客戶身分程序所得資料，應自業務關係終止時起至少保存五年；臨時性交易者，應自臨時性交易終止時起至少保存五年。但法律另有較長保存期間規定者，從其規定。

金融機構及指定之非金融事業或人員對現任或曾任國內外政府或國際組織重要政治性職務之客戶或受益人與其家庭成員及有密切關係之人，應以風險為基礎，執行加強客戶審查程序。

第一項確認客戶身分範圍、留存確認資料之範圍、程序、方式及前項加強客戶審查之範圍、程序、方式之辦法，由中央目的事業主管機關會商法務部及相關機關定之；於訂定前應徵詢相關公會之意見。前項重要政治性職務之人與其家庭成員及有密切關係之人之範圍，由法務部定之。

違反第一項至第三項規定或前項所定辦法中有關確認客戶身分、留存確認資料、加強客戶審查之範圍、程序、方式之規定者，由中央目的事業主管機關處金融機構新臺幣五十萬元以上一千萬元以下罰鍰、處指定之非金融事業或人員新臺幣五萬元以上五百萬元以下罰鍰，並得按次處罰。

第九條

為配合防制洗錢及打擊資恐之國際合作，金融目的事業主管機關及指定之非金融事業或人員之中央目的事業主管機關得自行或經法務部調查局通報，對洗錢或資恐高風險國家或地區，為下列措施：
一、令金融機構、指定之非金融事業或人員強化相關交易之確認客戶身分措施。
二、限制或禁止金融機構、指定之非金融事業或人員與洗錢或資恐高風險國家或地區為匯款或其他交易。
三、採取其他與風險相當且有效之必要防制措施。
前項所稱洗錢或資恐高風險國家或地區，指下列之一者：
一、經國際防制洗錢組織公告防制洗錢及打擊資恐有嚴重缺失之國家或地區。
二、經國際防制洗錢組織公告未遵循或未充分遵循國際防制洗錢組織建議之國家或地區。
三、其他有具體事證認有洗錢及資恐高風險之國家或地區。

第十條

金融機構及指定之非金融事業或人員因執行業務而辦理國內外交易，應留存必要交易紀錄。
前項必要交易紀錄之保存，自交易完成時起，應至少保存五年。但法律另有較長保存期間規定者，從其規定。
第一項留存必要交易紀錄之適用交易範圍、程序、方式之辦法，由中央目的事業主管機關會商法務部及相關機關定之；於訂定前應徵詢相關公會之意見。
違反第一項、第二項規定或前項所定辦法中有關留存必要交易紀錄之範圍、程序、方式之規定者，由中央目的事業主管機關處金融機構新臺幣五十萬元以上一千萬元以下罰鍰、處指定之非金融事業或人員新臺幣五萬元以上五百萬元以下罰鍰，並得按次處罰。

第十一條

非信託業之受託人於信託關係存續中，必須取得並持有足夠、正確與最新有關信託之委託人、受託人、受益人及任何其他最終有效控制信託之自然人之身分資訊，及持有其他信託代理人、信託服務業者基本資訊。
前項受託人應就前項信託資訊進行申報，並於資訊發生變更時，主動更新申報資訊。
第一項非信託業之受託人，以非信託業之指定之非金融事業或人員或其他法人為限，其受理申報之機關如下：
一、指定之非金融事業或人員擔任受託人者，為各該業別之主管機關。

二、前款以外之法人擔任受託人者，為各該目的事業主管機關。
受託人自信託關係終止時起，應保存第一項之資訊至少五年。
第一項受託人以信託財產於金融機構、指定之非金融事業或人員建立業務關係或進行達一定金額之臨時性交易時，應主動揭露其在信託中之地位。
第二項之申報、更新申報之範圍、方式、程序、前項一定金額之範圍、揭露方式及其他應遵行事項之辦法，由法務部會商相關機關定之。
違反第二項、第四項、第五項或前項所定辦法中有關第二項申報、更新申報之範圍、方式、程序或第五項揭露方式之規定者，由第三項受理申報機關處新臺幣五萬元以上五百萬元以下罰鍰，並得按次處罰。

第十二條

金融機構及指定之非金融事業或人員對於達一定金額之通貨交易，除本法另有規定外，應向法務部調查局申報。
金融機構及指定之非金融事業或人員依前項規定為申報者，免除其業務上應保守秘密之義務。該機構或事業之負責人、董事、經理人及職員，亦同。
第一項一定金額、通貨交易之範圍、種類、申報之範圍、方式、程序及其他應遵行事項之辦法，由中央目的事業主管機關會商法務部及相關機關定之；於訂定前應徵詢相關公會之意見。
違反第一項規定或前項所定辦法中有關申報之範圍、方式、程序之規定者，由中央目的事業主管機關處金融機構新臺幣五十萬元以上一千萬元以下罰鍰、處指定之非金融事業或人員新臺幣五萬元以上五百萬元以下罰鍰，並得按次處罰。

第十三條

金融機構及指定之非金融事業或人員對疑似犯第十九條、第二十條之罪之交易，應向法務部調查局申報；其交易未完成者，亦同。
金融機構及指定之非金融事業或人員依前項規定為申報者，免除其業務上應保守秘密之義務。該機構或事業之負責人、董事、經理人及職員，亦同。
第一項之申報範圍、方式、程序及其他應遵行事項之辦法，由中央目的事業主管機關會商法務部及相關機關定之；於訂定前應徵詢相關公會之意見。
前項、第七條第三項、第八條第四項、第十條第三項及前條第三項之辦法，其事務涉司法院者，由司法院會商行政院定之。
違反第一項規定或第三項所定辦法中有關申報之範圍、方式、程序之規定者，由中央目的事業主管機關處金融機構新臺幣五十萬元以上一千萬元以下罰鍰、處指定之非金融事業或人員新臺幣五萬元以上五百萬元以下罰鍰，並得按次處罰。

第十四條

旅客或隨交通工具服務之人員出入境攜帶下列之物，應向海關申報；海關受理申報後，應向法務部調查局通報：

一、總價值達一定金額之外幣、香港或澳門發行之貨幣及新臺幣現金。

二、總面額達一定金額之有價證券。

三、總價值達一定金額之黃金。

四、其他總價值達一定金額，且有被利用進行洗錢之虞之物品。

以貨物運送、快遞、郵寄或其他相類之方法運送前項各款物品出入境者，亦同。

前二項之一定金額、有價證券、黃金、物品、受理申報與通報之範圍、程序及其他應遵行事項之辦法，由財政部會商法務部、中央銀行、金融監督管理委員會定之。

外幣、香港或澳門發行之貨幣未依第一項、第二項規定申報者，其超過前項規定金額部分由海關沒入之；申報不實者，其超過申報部分由海關沒入之；有價證券、黃金、物品未依第一項、第二項規定申報或申報不實者，由海關處以相當於其超過前項規定金額部分或申報不實之有價證券、黃金、物品價額之罰鍰。

新臺幣依第一項、第二項規定申報者，超過中央銀行依中央銀行法第十八條之一第一項所定限額部分，應予退運。未依第一項、第二項規定申報者，其超過第三項規定金額部分由海關沒入之；申報不實者，其超過申報部分由海關沒入之，均不適用中央銀行法第十八條之一第二項規定。

大陸地區發行之貨幣依第一項、第二項所定方式出入境，應依臺灣地區與大陸地區人民關係條例相關規定辦理，總價值超過同條例第三十八條第五項所定限額時，海關應向法務部調查局通報。

第十五條

海關查獲未依前條第一項或第二項規定申報或申報不實之物，應予扣留。但該扣留之物為前條第一項第一款之物者，其所有人、管領人或持有人得向海關申請提供足額之保證金，准予撤銷扣留後發還之。

第十六條

海關依第十四條第四項後段裁處罰鍰，於處分書送達後，為防止受處分人隱匿或移轉財產以逃避執行，得免供擔保向行政法院聲請假扣押或假處分。但受處分人已提供相當擔保者，不在此限。

第十七條

受理第十二條、第十三條申報及第十四條通報之機關，基於防制洗錢或打擊資恐目的，得就所受理申報、通報之資料予以分析；為辦理分析業務得向相關公務機關或非公務機關調取必要之資料。

前項受理申報、通報之機關就分析結果，認有查緝犯罪、追討犯罪所得、健全洗錢防制、穩定金融秩序及強化國際合作之必要時，得分送國內外相關機關。

相關公務機關基於防制洗錢、打擊資恐目的或依其他法律規定，得向第一項受理申報、通報之機關查詢所受理申報、通報之相關資料。

前三項資料與分析結果之種類、範圍、運用，調取、分送、查詢之程序、方式及其他相關事項之辦法，由法務部定之。

第十八條

檢察官於偵查中，有事實足認被告利用帳戶、匯款、通貨或其他支付工具犯第十九條或第二十條之罪者，得聲請該管法院指定六個月以內之期間，對該筆交易之財產為禁止提款、轉帳、付款、交付、轉讓或其他必要處分之命令。其情況急迫，有相當理由足認非立即為上開命令，不能保全得沒收之財產或證據者，檢察官得逕命執行之，但應於執行後三日內，聲請法院補發命令。法院如不於三日內補發或檢察官未於執行後三日內聲請法院補發命令者，應即停止執行。

前項禁止提款、轉帳、付款、交付、轉讓或其他必要處分之命令，法官於審判中得依職權為之。

前二項命令，應以書面為之，並準用刑事訴訟法第一百二十八條規定。

第一項之指定期間如有繼續延長之必要者，檢察官應檢附具體理由，至遲於期間屆滿之前五日聲請該管法院裁定。但延長期間不得逾六個月，並以延長一次為限。

對於外國政府、機構或國際組織依第二十八條所簽訂之條約或協定或基於互惠原則請求我國協助之案件，如所涉之犯罪行為符合第三條所列之罪，雖非在我國偵查或審判中者，亦得準用前四項規定。

對第一項、第二項之命令、第四項之裁定不服者，準用刑事訴訟法第四編抗告之規定。

第十九條

有第二條各款所列洗錢行為者，處三年以上十年以下有期徒刑，併科新臺幣一億元以下罰金。其洗錢之財物或財產上利益未達新臺幣一億元者，處六月以上五年以下有期徒刑，併科新臺幣五千萬元以下罰金。

前項之未遂犯罰之。

第二十條

收受、持有或使用之財物或財產上利益，有下列情形之一，而無合理來源者，處六月以上五年以下有期徒刑，得併科新臺幣五千萬元以下罰金：

一、冒名、以假名或其他與身分相關之不實資訊向金融機構、提供虛擬資產服務或第三方支付服務之事業或人員申請開立帳戶、帳號。

二、以不正方法取得、使用他人向金融機構申請開立之帳戶、向提供虛擬資產服務或第三方支付服務之事業或人員申請之帳號。

三、規避第八條、第十條至第十三條所定洗錢防制程序。

前項之未遂犯罰之。

第二十一條

無正當理由收集他人向金融機構申請開立之帳戶、向提供虛擬資產服務或第三方支付服務之事業或人員申請之帳號，而有下列情形之一者，處五年以下有期徒刑、拘役或科或併科新臺幣三千萬元以下罰金：

一、冒用政府機關或公務員名義犯之。

二、以廣播電視、電子通訊、網際網路或其他媒體等傳播工具，對公眾散布而犯之。

三、以電腦合成或其他科技方法製作關於他人不實影像、聲音或電磁紀錄之方法犯之。

四、以期約或交付對價使他人交付或提供而犯之。

五、以強暴、脅迫、詐術、監視、控制、引誘或其他不正方法而犯之。

前項之未遂犯罰之。

第二十二條

任何人不得將自己或他人向金融機構申請開立之帳戶、向提供虛擬資產服務或第三方支付服務之事業或人員申請之帳號交付、提供予他人使用。但符合一般商業、金融交易習慣，或基於親友間信賴關係或其他正當理由者，不在此限。

違反前項規定者，由直轄市、縣（市）政府警察機關裁處告誡。經裁處告誡後逾五年再違反前項規定者，亦同。

違反第一項規定而有下列情形之一者，處三年以下有期徒刑、拘役或科或併科新臺幣一百萬元以下罰金：

一、期約或收受對價而犯之。

二、交付、提供之帳戶或帳號合計三個以上。

三、經直轄市、縣（市）政府警察機關依前項或第四項規定裁處後，五年以內再犯。

前項第一款或第二款情形，應依第二項規定，由該管機關併予裁處之。

違反第一項規定者，金融機構、提供虛擬資產服務及第三方支付服務之事業或人員，應對其已開立之帳戶、帳號，或欲開立之新帳戶、帳號，於一定期間內，暫停或限制該帳戶、帳號之全部或部分功能，或逕予關閉。

前項帳戶、帳號之認定基準，暫停、限制功能或逕予關閉之期間、範圍、程序、方式、作業程序之辦法，由法務部會同中央目的事業主管機關定之。

警政主管機關應會同社會福利主管機關，建立個案通報機制，於依第二項規定為告誡處分時，倘知悉有社會救助需要之個人或家庭，應通報直轄市、縣（市）社會福利主管機關，協助其獲得社會救助法所定社會救助。

第二十三條

法人之代表人、代理人、受僱人或其他從業人員，因執行業務犯前四條之罪者，除處罰行為人外，對該法人並科以十倍以下之罰金。但法人之代表人或自然人對於犯罪之發生，已盡力為防止行為者，不在此限。

犯第十九條至第二十一條之罪，於犯罪後自首，如有所得並自動繳交全部所得財物者，減輕或免除其刑；並因而使司法警察機關或檢察官得以扣押全部洗錢之財物或財產上利益，或查獲其他正犯或共犯者，免除其刑。

犯前四條之罪，在偵查及歷次審判中均自白者，如有所得並自動繳交全部所得財物者，減輕其刑；並因而使司法警察機關或檢察官得以扣押全部洗錢之財物或財產上利益，或查獲其他正犯或共犯者，減輕或免除其刑。
第十九條、第二十條或第二十一條之罪，於中華民國人民在中華民國領域外犯罪者，適用之。
第十九條之罪，不以本法所定特定犯罪之行為或結果在中華民國領域內為必要。但該特定犯罪依行為地之法律不罰者，不在此限。

第二十四條

公務員洩漏或交付關於申報疑似犯第十九條、第二十條之罪之交易或犯第十九條、第二十條之罪嫌疑之文書、圖畫、消息或物品者，處三年以下有期徒刑。
第五條第一項至第三項不具公務員身分之人洩漏或交付關於申報疑似犯第十九條、第二十條之罪之交易或犯第十九條、第二十條之罪嫌疑之文書、圖畫、消息或物品者，處二年以下有期徒刑、拘役或新臺幣五十萬元以下罰金。

第二十五條

犯第十九條、第二十條之罪，洗錢之財物或財產上利益，不問屬於犯罪行為人與否，沒收之。
犯第十九條或第二十條之罪，有事實足以證明行為人所得支配之前項規定以外之財物或財產上利益，係取自其他違法行為所得者，沒收之。
對於外國政府、機構或國際組織依第二十八條所簽訂之條約或協定或基於互惠原則，請求我國協助執行扣押或沒收之案件，如所涉之犯罪行為符合第三條所列之罪，不以在我國偵查或審判中者為限。

第二十六條

犯本法之罪沒收之犯罪所得為現金或有價證券以外之財物者，得由法務部撥交檢察機關、司法警察機關或其他協助查緝洗錢犯罪之機關作公務上使用。
我國與外國政府、機構或國際組織依第二十八條所簽訂之條約或協定或基於互惠原則協助執行沒收犯罪所得或其他追討犯罪所得作為者，法務部得依條約、協定或互惠原則將該沒收財產之全部或一部撥交該外國政府、機構或國際組織，或請求撥交沒收財產之全部或一部款項。
前二項沒收財產之撥交辦法，由行政院定之。

第二十七條

法務部辦理防制洗錢業務，得設置基金。

第二十八條

為防制洗錢，政府依互惠原則，得與外國政府、機構或國際組織簽訂防制洗錢之條約或協定。

對於外國政府、機構或國際組織請求我國協助之案件，除條約或協定另有規定者外，得基於互惠原則，提供第十二條至第十四條受理申報或通報之資料及其調查結果。

依第一項規定以外之其他條約或協定所交換之資訊，得基於互惠原則，為防制洗錢或打擊資恐目的之用。但依該條約或協定規定禁止或應符合一定要件始得為特定目的外之用者，從其規定。

臺灣地區與大陸地區、香港及澳門間之洗錢防制，準用前三項規定。

第二十九條

為偵辦洗錢犯罪，檢察官得依職權或依司法警察官聲請，提出控制下交付之偵查計畫書，並檢附相關資料，報請檢察長核可後，核發偵查指揮書。

前項控制下交付之偵查計畫書，應記載下列事項：

一、犯罪嫌疑人或被告之年籍資料。

二、所犯罪名。

三、所涉犯罪事實。

四、使用控制下交付調查犯罪之必要性。

五、洗錢行為態樣、標的及數量。

六、偵查犯罪所需期間、方法及其他作為。

七、其他必要之事項。

第三十條

第七條第二項之查核，第七條第四項、第五項、第八條第五項、第十條第四項、第十二條第四項、第十三條第五項之裁處及其調查，中央目的事業主管機關得委辦直轄市、縣（市）政府辦理，並由直轄市、縣（市）政府定期陳報查核成效。

第三十一條

本法除第六條及第十一條之施行日期由行政院定之外，自公布日施行。

二、維也納公約

第3條第1項第b款第i目列舉「為了隱瞞或掩飾該財產的非法來源，或為了協助任何涉及此種犯罪的人逃避其行為的法律後果而變更或移轉該財產」之洗錢類型，亦即處置犯罪所得類型。其中，「移轉財產」態樣乃指將刑事不法所得移轉予他人而達成隱匿效果，例如：將不法所得移轉登記至他人名下；另，「變更財產」態樣乃指將刑事不法所得之原有法律或事實上存在狀態予以變更而達成隱匿效果，例如：用不法所得購買易於收藏變價及難以辨識來源之高價裸鑽，進而達成隱匿效果。再者，上開移轉財產或變更財產狀態之洗錢行為，因原條文未含括造成洗錢防制之漏洞，而為亞太防制洗錢組織2007年相互評鑑時所具體指摘，為符合相關國際要求及執法實務需求，參酌澳門預防及遏止清洗黑錢犯罪法第3條第2項規定。

維也納公約第3條第1項第b款第ii目規定洗錢行為態樣，包含「隱匿或掩飾該財產的眞實性質、來源、所在地、處置、轉移、相關的權利或所有權」（The concealment or disguise of the true nature, source, location, disposition, movement, rights with respect to, or ownership of property）之洗錢類型，例如：（一）犯罪行為人出具假造的買賣契約書掩飾某不法金流；（二）貿易洗錢態樣中以虛假貿易外觀掩飾不法金流移動；（三）知悉他人有將不法所得轉購置不動產之需求，而擔任不動產之登記名義人或成立人頭公司擔任不動產之登記名義人以掩飾不法所得之來源；（四）提供帳戶以掩飾不法所得之去向，像是販售帳戶予他人使用；廠商提供跨境交易使用之帳戶作為兩岸詐欺集團處理不法贓款使用。原條文並未完整規範上開公約所列全部隱匿或掩飾態樣，而為亞太防制洗錢組織2007年相互評鑑時具體指摘洗錢之法規範不足。

維也納公約第3條第1項第c款規定洗錢態樣行為尚包含「取得、占有或使用」特定犯罪之犯罪所得（The acquisition, possession or use of property），爰修正原第2款規定，移列至第3款，並增訂持有、使用之洗錢態樣，例如：（一）知悉收受之財物為他人特定犯罪所得，為取得交易之獲利，仍收受該特定犯罪所得；（二）專業人士（如律師或會計師）明知或可得而知收受之財物爲客戶特定犯罪所得，仍收受之。爰參酌英國犯罪收益法案第七章有關洗錢犯罪釋例，縱使是公開市場上合理價格交易，亦不影響洗錢行爲之成立，判斷重點仍在於主觀上是否明知或可得而知所收受、持有或使用之標的爲特定犯罪之所得。

FATF 40項建議要求各國之洗錢犯罪前置特定犯罪至少應包括其所列之特定犯罪，即包含參與組織犯罪、恐怖主義行爲（包含資助恐怖主義）、販賣人口與移民偷渡、性剝削（包含兒童性剝削）、非法買賣毒品及麻醉藥品、非法買賣軍火、贓物販售、貪污行賄、詐騙、僞造貨幣、仿造品及產品剽竊、環保犯罪、謀殺及重傷害、綁架非法拘禁及強押人質、強盜或竊盜、走私、勒索、僞造、著作權侵害、內線交易及市場操作、稅務犯罪等類型（見遵循FATF 40項建議之評鑑方法論）。

第五節　人口走私

吾人時常於電影片段中，瞧見頭戴帽子，手持水壺，身後跟著一群人，男女老少，背著簡單行李，四處張望，忐忑不安；循一定路線，領頭著還會要求快步跟上，不要落單。到達一定地點，穿過涵洞、山洞或掀開地道等，要犯罪焦點所有人快步進入，沿著路線或標記走，不久即會有人接應，此場景在美墨邊界最易看到。簡單來說，所有人都是自由的，手腳未受束縛，中途可落跑或後悔，不受暴力控制等，事先會交付領頭人員或他人一筆錢，到達目的地後，依自己的地點行動，偶爾遇上小插曲時，領頭人發現不對勁會自己先落跑，留下一堆人不知所措，此即「人口走私」的最佳寫照。更有甚者，我們於媒體上常看到有貨櫃車或輪船內，因裝載大量走私人口，形成空氣不流通或空間有限，造成後續嚴重的傷亡事件之發生。

人口走私，依照聯合國2000年對抗非法移民走私議定書第3條規定，「指爲獲取財務上或其他面向之利益，非屬該國國民或住居者，以直接或間接方式取得非法進入他國領域內。此定義著重於兩個面向，即非法進入手段及利益（不限金錢上的）」。[8]人口走私於海、陸、空等，都有可能發生，而人口走私易與「人口販運」混淆，兩者間亦有相互重疊之處，甚至發生有「人口走私在前，人口販運在後」之案件境況。兩者間如何區別，依聯合國毒品與犯罪問題辦公室（UNODC）之看法，可從跨國性（transnationality）、剝削（exploitation）及同意（個人意願）（consent）與否等三面向去區別（Chetail, 2019: 255-259）。簡單來說，個人認爲，兩者最大的不同在於人口販運「不知其目的地、非自願性、受暴力等威脅性方式加以控制、無法自由行動、爲日後勞力或性剝削、摘取器官之用，以及較無法預測未來」。

人口走私與人口販運，基本上都是非法移民之一環、有其利益著想、非法手段進行等，人口販運常涉及國際組織犯罪；人口走私亦同，但有可能以跑單幫（領頭人）形式出現。當然，由於兩者皆爲重大的移民犯罪類型，且人口販運嚴重侵害人權，皆爲現今全球防制非法移民（犯罪）的焦點工作，聯合國亦不定期召開相關會議。至於如何防制人口走私，應了解何以發生人口走私？除了少數的依親案件外（何以不走正途之路，依法提出申請？）幾乎與經濟因素脫離不了關係；當然，強化國境的查察（機器優化、人力增加、設備提升、築高牆等）或邊境管制（申請案之嚴審、加強情報交流、人員訓練、借助動物敏銳嗅覺、周邊國家之共識等）是應行的日常工作，但此係治標不治本；解決相關問題，仍繫於何以該國人員常有類此之案件、該國國內發生了什麼問題、如何解決，[9]才是因應許多非法問題正途之道。

第六節　國際刑事司法互助

司法互助，指國家間，經一國之司法請求移交因犯罪而逃跑者之引渡（extradiction）行爲。

---

[8] 聯合國毒品與犯罪問題辦公室（UNODC），https://www.unodc.org，查閱日期：2024/4/22。

[9] 當然，筆者知道非一朝一夕可成。

一、作用（陳明傳，2020：57-62；王寬弘，2020：83-112）

（一）增強國際社會的法制建置及國際文明社會發展，並可維護世界和平、穩定秩序與整體安寧性。

（二）促進國家間之司法合作關係，有利於各個國家充分行使其司法審判權。

（三）國家間之政治、經濟與文化上之交流更和諧。

（四）友善各國人民往來。

（五）讓罪犯受司法審判，爲自己行爲負責。

（六）產生效應，減少罪犯之落跑至國外。

二、類型（陳明傳，2020：57-62；王寬弘，2020：83-112）

可分成以下4種〔（一）至（四）爲最廣義司法互助；（一）及（二）爲廣義司法互助〕。

（一）引渡。

（二）小型（狹義）司法互助：由某一國家協助他國訊問證人、鑑定人，以及實施搜索、扣押、轉交證物、文書送達、提供情報等事項。

（三）刑事追訴之移送：犯罪行爲地之國家，透過犯人之原屬國或現所居住地國，請求對犯人之犯罪行爲加以追訴或科以刑罰。

（四）外國刑事判決之承認與執行：指某一國家承認或協助他國之司法審判，並據以執行有關在他國已經裁判確定之刑事判決。

三、基本原則（陳明傳，2020：57-62；王寬弘，2020：83-112）

（一）**平等互惠原則**：有訴訟權利、義務對（同）等之意。因各國法律制度本就有差異，此一原則，並非互助之雙方於各個具體事項上必須完全一致。

（二）**相互尊重原則**：亦即相互尊重對方合理意見，確立彼此地位平等，採取積極合作態度與行動，對他方合理的請求給予優先辦理。

（三）**雙重犯罪原則**：其所犯之罪，必須雙方之國家均認為是構成犯罪之情境下，才會提供有效的司法互助。

（四）**遣返或起訴原則**：在不將罪犯（引渡）遣返給請求引渡之國家時，應透過本國之司法體系，將罪犯於本國進行刑事起訴。其為國際刑法中，預防、禁止及懲治國際罪犯之重要對策與有效措施之一，被廣泛運用於相關國際公約之中。

（五）**特定性原則**：指被請求國將犯罪嫌疑人引渡給請求國後，該國只能就作為引渡理由之罪行，對當事人進行審理或處罰，避免非普通刑事犯罪或不符合雙重犯罪之人，遭受政治迫害等更為不利之處遇。

四、我國現今之國際刑事司法互助法

隨著科技進步，國際往來日益頻繁，世界各國在享受便利生活之同時，亦面臨犯罪組織化、國際化之威脅與挑戰。為免犯罪者利用地理疆界阻隔或各國法制差異，以逃避刑事訴追，各國除致力於簽訂雙邊或多邊刑事司法互助條約或協定（議），以加強跨國犯罪查緝、犯罪所得財產查扣及沒收外，亦將刑事司法互助程序及事項規定於其內國法，作為執行是類請求之法律依據。

我國現行之外國法院委託事件協助法，因制定年代久遠，且規範內容較簡，已不敷國際刑事司法互助現況所需。又我國國情特殊，目前僅有與美國等少數國家簽有刑事司法互助條約或協定（議），且各該條約或協定（議）仍需與國內法相互搭配，始得順利執行；而在無條約或協定（議）之情況下，尤須有完備之內國法規，俾外國向我國請求刑事司法互助時，有明確具體之依據。爰參酌「聯合國反貪腐公約」等國際公約及外國立法例，制定專法規範刑事司法互助，作為我國執行相關事項基本法源，以利我國與外國相互進行刑事司法互助之請求與執行。

五、國際刑事司法互助法規定重點

第二條

有關國際間之刑事司法互助事項，依條約；無條約或條約未規定者，依本法；本法未規定者，適用刑事訴訟法及其他相關法律之規定。

說明

有關國際刑事司法互助之事項，時有多邊或雙邊條約之簽署，爲履行國際義務，我國如已簽署該等條約，自應優先適用之。又依司法院釋字第329號解釋，憲法所稱之條約係指中華民國與其他國家或國際組織所締結之國際書面協定，包括用條約或公約之名稱，或用協定等名稱而其內容直接涉及國家重要事項或人民權利義務且具有法律上效力者而言。符合上揭要件之國際書面文件，縱使用「條約」以外之名稱，因其內容涉及國家重要事項或人民權利義務，仍應送立法院審議，而爲憲法上所稱之「條約案」。是此所稱「條約」，即涵蓋具相同法律屬性之「協定（議）」等國際書面協定，例如我國與美國間之「駐美國台北經濟文化代表處與美國在台協會間之刑事司法互助協定」（以下簡稱臺美刑事司法互助協定）、與菲律賓間之「駐菲律賓臺北經濟文化辦事處與馬尼拉經濟文化辦事處間刑事司法互助協定」，以及與南非間之「駐南非共和國臺北聯絡代表處與南非聯絡辦事處刑事司法互助協議」。又依聯合國反貪腐公約施行法第8條規定，由行政院定自2015年12月9日施行，而具國內法律效力之「聯合國反貪腐公約」，亦屬本條所指之條約。至我國中央行政機關或其授權之機構、團體對外簽訂之其他協議或備忘錄等，如依條約締結法規定得認屬條約者，亦屬本條所指之條約，附此敘明。

另本法係專就我國與外國政府、機構或國際組織間刑事案件之司法互助事項所制定之特別法律，在無條約或條約未規定之情形，雖有其他法律亦就同一事項爲規定，本法仍應優先適用。反之，如本法無特別規定，因司法互助性質仍屬刑事程序，故刑事訴訟法、少年事件處理法、洗錢防制法等相關法律，即得補充適用。

第四條

本法用詞定義如下：

一、刑事司法互助：指我國與外國政府、機構或國際組織間提供或接受因偵查、審判、執行等相關刑事司法程序及少年保護事件所需之協助。但不包括引渡及跨國移交受刑人事項。

二、請求方：指向我國請求提供刑事司法互助事項之外國政府、機構或國際組織。

三、受請求方：指受我國請求提供刑事司法互助事項之外國政府、機構或國際組織。

四、協助機關：指法務部接受請求後轉交之檢察署，或委由司法院轉請提供協助之各級法院。

第五條

依本法提供之刑事司法互助，本於互惠原則為之。

第六條

得依本法請求或提供之協助事項如下：

一、取得證據。

二、送達文書。

三、搜索。

四、扣押。

五、禁止處分財產。

六、執行與犯罪有關之沒收或追徵之確定裁判或命令。

七、犯罪所得之返還。

八、其他不違反我國法律之刑事司法協助。

說明

按取得證據、送達文書、搜索、扣押、禁止處分財產、執行與犯罪有關之沒收或追徵之確定裁判或命令及犯罪所得之返還，係國際刑事司法互助之主要項目。其中禁止處分財產，在我國洗錢防制法內已有規定。至犯罪所得之返還，乃指國際間就犯罪所得查扣之合作事項，即「asset recovery」。而「聯合國反貪腐公約」第46條第3項、「聯合國打擊跨國有組織犯罪公約」第18條第3項、臺美刑事司法互助協定第2條、「葡萄牙國際刑事司法協助法」第145條、「韓國國際刑事司法互助法」第5條、「澳門刑事司法互助法」第131條等，亦均有類似合作事項之規定，爰將該等協助項目納入本法之協助事項。

第七條

向我國提出刑事司法互助請求，應經由外交部向法務部為之。但有急迫情形時，得逕向法務部為之。

說明

1.「聯合國反貪腐公約」第46條第13項及「聯合國打擊跨國有組織犯罪公約」第18條第13項，均明定各國應指定一中央機關（central authority）作爲接受及執行司法互助請求之聯繫窗口。但國際間進行司法互助時，應由何機關擔任聯繫窗口，各國規範不一：有以外交部爲聯繫窗口者，如我國外國法院委託事件協助法第3條及「日本國際偵查互助法」，均規定委託事件之轉送，應經由外交管道爲之；亦有側重協助之效率，而以其他特定機關爲聯繫窗口者，如以檢察總署（葡萄牙）、司法部（美國）、律政司（香港）爲聯繫窗口。臺美刑事司法互助協定規定以雙方法務部（司法部）爲直接聯繫窗口，即爲著例；2.外交部爲國家對外之窗口，涉外事務仍以外交單位參與並聯繫爲宜，以維護我國國家主權及國家利益，故於本文規定請求方向我國提出刑事司法互助請求時，應經由外交部向法務部爲之；3.如我國與請求方簽有司法互助條約，並約定以法務部作爲請求方向我國提出刑事司法互助之管道，此時既有特別之約定，即應依雙方另行約定之管道進行司法互助。又案件遇有急迫情形時，恐有不及透過外交管道進行司法互助之情況，亦特別允許請求方直接以法務部作爲請求司法互助之聯絡管道，爰爲但書規定。

※補充說明1

一、正式情資傳送途徑，有4種基本模式與架構（孟維德，2020：117-142）

（一）在國際刑警組織架構下之國家中央局（National Central Bureau, NCB）對國家中央局連結。

（二）以國際組織作爲情資交換中心或樞紐（如歐盟警察組織）。

（三）直接式的雙邊國家聯絡官途徑。

（四）Prüm查詢系統：

為因應日漸棘手的跨國組織犯罪與恐怖主義活動，歐盟執委會（European Commission）於2021年12月公布「警察合作自動資料交換」（Prüm II）草案，目的是強化連結個別會員國的個資資料庫共享機制，並供執法機關使用。近日，隨著媒體揭露該計畫對人權與隱私權造成的潛在影響，特別是對過於龐大的個資資料以及引入人臉辨識系統的擔憂後，Prüm II開始受到更廣泛的討論。

據歐盟執委會的說法，Prüm II是在促進打擊犯罪與維護歐盟價值之間取得平衡。一方面，透過資料庫之間更大程度的資料交換，能從技術的角度協助各國警方合作，有效達到對犯罪的預防、偵查與調查，並有效降低犯罪率。在這個過程中，歐洲刑警組織（Europol）的角色也被認爲將大爲提高。另一方面，Prüm II的架構也宣稱與現行以及發展中的歐盟各類資料庫系統的倫理價值一致；這類系統包括申根資訊系統（Schengen Information System, SIS）、簽證資訊系統

（VISA Information System, VIS）、歐洲難民指紋資料庫（European Dactylographic System, Eurodac）、入境／出境系統（Entry/Exit System, EES）、歐洲旅行資訊授權系統（EU Travel Information & Authorisation System, ETIAS）與歐洲第三國國民犯罪紀錄系統（ECRIS-TCN）。值得強調的是，Prüm II系統與上述系統不同之處在於，它並非一個中心化的資料庫，而只會透過建立「中心路由器」（central routers）的方式，也就是經由「中介」方式連結各資料庫作犯罪調查。

二、情資交換的問題

（一）不同國家的語文障礙。

（二）過於理想化的概念——情資共享資料庫：參與熱忱與回應程度大不同、資料的品質、資料庫功能是否健全。

（三）情資理解與適用的謬誤。

（四）個人資料保護。

（五）國家聯絡窗口：觀念與實踐，非常緩慢。

三、情資如何精確交換

（一）情資交換的基本問題（前面五大問題之解決）。

（二）合作與溝通。

（三）重要原則（從可信的或經客觀評估確認可信的情資來源處獲取資料、確保資料在一方與另一方的傳遞過程中保持不變、重複確認情資的最終接收者了解資料的原本脈絡意義）。

※補充說明2

影響國際執法合作的因素（孟維德，2013：117-150）

在全球化衝擊下，犯罪者爲求降低風險與擴大利益的考量下，其犯罪活動範圍會設法延伸至國境外，包括從事毒品販運、人口販運、人口走私、洗錢、電腦犯罪、跨國詐欺及恐怖主義等。而各國爲了有效遏止跨國犯罪行爲，有關執法機關無不積極透過國際合作的管道求取資訊等；惟國際執法合作的推行經常面臨許多挑戰，諸如犯罪情資的整合、司法管轄權的歸屬、各國政治體制的差異、外交關係的影響、合作協議的簽署與落實、執法機關組織架構的差異、執法人員在觀念與文化方面的鴻溝、輔助執法工作的科技水準高低落差等。爰國際執法合作實務上常遭遇的困境，包含有：

（一）**政治的障礙**：國際合作需要外交事務有關之政治人士和官員的支持，如果政治的障礙不排除，合作計畫必將受阻。

（二）**各國既有的差異**：儘管在法律和程序的調和上已投入大量工作，但各國仍有各自不同的法律傳統、政治結構及價值體系。如果國與國之間這些事項存有很大的差異，那麼合作將會相當困難。

（三）**突發狀況**：起訴跨國犯罪者是一項頗具挑戰的工作，除了獲取身處外國之當事人的證詞、陳述及其他證據，將其從外文翻譯成本國文，以及證人出庭等事項，都可能遭遇困難之外，還有許多其他突發的狀況待克服。

（四）**缺乏語言、習俗與文化的了解**：語言障礙以及對於其他國家的習俗和文化缺乏了解，也是阻礙合作協議能否有效實踐的另一主因。許多國家的刑事司法機關懊惱地表示自己的人員欠缺足夠的外語能力、對於外國文化了解不夠，或是從來訪的外國執法人員處聽到一些合作不良的抱怨。

（五）**對等的情境**：無論是經濟發展上的差異，或是政治穩定上的差異，都可能降低合作的效果。對於與已開發國家簽訂合作協議的開發中國家而言，他們往往缺乏履行協議內容所需要的人力、設備及其他資源。此外，一個國家若發生內戰或其他的內部衝突，很可能就會明顯降低該國與其他國家合作的能力。較富有的國家通常被視爲捐贈者（合作事項的主導者），較不富有的國家通常被視爲受捐贈者，這種不平衡的認知或感受，很可能阻礙眞正的合作。

（六）**外國執法人員的不信任**：如果某一國家有貪腐惡名，那麼其他國家就不太可能與其簽署合作協議，就算過去已簽署合作協議，履行該協議的機會通常也不會太大。

（七）**資源投入的挑戰**：要保持駐外聯絡官網絡的有效運作，或只是確保雙邊及多邊的合作安排能運作順暢，就需要很大的花費。

※補充說明3

我國引渡法規定

第一條

引渡依條約，無條約或條約無規定者，依本法之規定。

第二條

凡於請求國領域內犯罪，依中華民國及請求國法律規定均應處罰者，得准許引渡。但中華民國法律規定法定最重本刑爲一年以下有期徒刑之刑者，不在此限。

凡於請求國及中華民國領域外犯罪，依兩國法律規定均應處罰者，得准許引渡。但中華民國法律規定法定最重本刑爲一年以下有期徒刑之刑者，不在此限。

第三條

犯罪行爲具有軍事、政治、宗教性時，得拒絕引渡。但左列行爲不得視爲政治性之犯罪：

一、故意殺害國家元首或政府要員之行爲。

二、共產黨之叛亂活動。

第四條

請求引渡之人犯，爲中華民國國民時，應拒絕引渡。但該人犯取得中華民國國籍在請求引渡後者不在此限。

中華民國國民在外國領域內犯本法第二條及第三條但書所定之罪，於拒絕外國政府引渡之請求時，應即移送該管法院審理。

第五條

請求引渡之犯罪，業經中華民國法院不起訴，或判決無罪、免刑、免訴、不受理，或已判處罪刑，或正在審理中，或已赦免者，應拒絕引渡。

請求引渡之人犯另犯他罪，已繫屬中華民國法院者，其引渡應於訴訟程序終結或刑罰執行完畢後爲之。

第六條

數國對同一人犯請求引渡，而依條約或本法應爲允許時，依左列順序定其解交之國：

一、依條約提出請求引渡之國。

二、數請求國均爲締約國或均非締約國時，解交於犯罪行爲地國。

三、數請求國均爲締約國或均非締約國，而無一國爲犯罪行爲地國時，解交於犯人所屬國。

四、數締約國或數非締約國請求引渡，而指控之罪名不同者，解交於最重犯罪行爲地國；其法定刑度輕重相同者，解交於首先正式請求引渡之國。

第七條

請求國非經中華民國政府同意，不得追訴或處罰引渡請求書所載以外之犯罪。但引渡之人犯，在請求國之訴訟程序終結或刑罰執行完畢後，尚自願留居已達九十日以上者，不在此限。

引渡人犯於引渡後，在請求國另犯他罪者，該請求國仍得追訴或處罰之。

第八條

請求國非經中華民國政府同意，不得將引渡之人犯再引渡與第三國。但引渡之人犯有前條第一項但書之情形者，不在此限。

第九條

引渡之請求，循外交途徑向外交部爲之。

第十條

外國政府請求引渡時，應提出引渡請求書，記載左列事項：

一、人犯之姓名、性別、年齡、籍貫、職業、住所或居所，或其他足資辨別之特徵。

二、犯罪事實及證據並所犯法條。

三、請求引渡之意旨及互惠之保證。

四、關於遵守第七條第一項前段及第八條前段所定限制之保證。

第十一條

提出引渡請求書應附具左列文件：

一、引渡請求書內所引之證據。

二、請求國該管法院之拘票及起訴書或有罪判決書。

三、請求國有關處罰該罪之現行法規。

前項文件應經合法簽證，其以外國文作成者，並附經簽證之中文譯本。

第十二條

外國政府於提出引渡請求書前，遇有緊急情形，得以函電請求拘提羈押所擬引渡之人犯。但應載明第十條所列事項，及已起訴或判決有罪之事實。

前項情形，其提出引渡請求書，應自羈押人犯之日起三十日內爲之，逾期應即撤銷羈押，並不得再就同一案件請求引渡。

第十三條

被請求引渡人之財物、文件並經請求扣押時，應記載其品名、數量予以保管，於引渡之請求獲准後，與人犯一併解交。但屬於第三人所有或依中華民國法律不得扣押者，不在此限。

第十四條

外國政府間引渡人犯，於徵得中華民國政府之同意後，得通過中華民國領域。但人犯之通過，有妨礙中華民國利益之虞時，得不准許之。

第十五條

外交部收到引渡之請求後，應連同有關文件，送請法務部發交人犯所在地之地方法院檢察處辦理。如人犯所在不明時，應發交適當之地方法院檢察處辦理。

第十六條

該管法院檢察處，受理請求引渡之案件後，檢察官依刑事訴訟法之規定，對於人犯得命拘提羈押。

第十七條

人犯到場後，檢察官應於二十四小時內加以訊問，告以請求引渡之內容，並儘速將案件移送法院。

法院受理前項移送案件後，依刑事訴訟法之規定，對於人犯得命拘提羈押。

第十八條

法院收到請求引渡之案件後，應將請求引渡之事實證據，告知被請求引渡人，並命被請求引渡人於告知之日起六十日內提出答辯書。

第十九條

被請求引渡人得選任律師爲辯護人，其程序準用刑事訴訟法關於選任辯護之規定。

第二十條

第十二條第二項及第十八條規定之期間屆滿時，法院應即指定期日，通知檢察官、被請求引渡人及其辯護人爲言詞辯論。

法院應於言詞辯論終結後五日內制作決定書，敘述應否准許引渡。

請求引渡之案件，法院應於收到被請求引渡人答辯書後三十日內終結之。

第二十一條

法院制作決定書後，應將案件送由檢察處報請法務部移送外交部陳請行政院核請總統核定之。

不能依第六條之規定定解交國時，亦應於決定書內敘明呈請總統決定之。

第二十二條

總統准許引渡時，該管法院檢察處於接獲法務部函知後，應即通知被請求引渡人。

總統拒絕引渡時，該管法院檢察處應即撤銷羈押，請求國不得再就同一案件請求引渡。

第二十三條

外交部應將准許引渡之事由，通知請求國政府，指定人員於六十日內在中華民國領域內最適當之地點接受引渡。

請求國未於前項期間內指定人員將人犯接收押離中華民國領域者，被請求引渡人應即釋放，請求國嗣後不得再就同一案件提出請求。

第二十四條

引渡，由行政院指派人員執行之。

第二十五條

因請求引渡所生之費用，不問引渡是否准許，均由請求國負擔。

第二十六條

本法自公布日施行。

第十一章
資通安全（法）

隨著資訊尖端科技不斷推陳，資訊業發展幾已成為先進國家必備的競爭舞臺之一，而資訊安全課題也順勢浮上檯面。網路無國界、資訊打先鋒，太空衛星、無人機、手機、電腦、AI等前端科技，影響世界所有各國的動態與趨勢。網路犯罪（詐騙）也隨著網路之盛行，層出不窮，其追查必須要有專業知識作後盾；而令人擔憂的是，恐怖組織利用科技技術，達成其目標，屆時將難以查證眞正犯罪者為何人。另外，俄烏戰爭中，我們充分了解到握有資訊（情報）的重要性，洞察先機，往往在鍵盤之中。

臺灣地位特殊，但由於我們有全球最領先的半導體科技，是臺灣的發展命脈，各國無不想方設法取得高科技資訊。因此，如何不讓技術因資通安全而有所外洩，尤其是中國大陸，幾已成為國內重要的挑戰及因應任務。另外，個人資料外露、網路詐騙、電腦恐嚇（犯罪）及商業資料竊取等，是目前新興的犯罪手法，如何做到資訊安全滴水不漏，及遏止違法行為，確實是令人傷透腦筋，但不得不做的工作。

我國於2022年成立數位發展部，主要負責推動我國數位政策的創新與變革，整合電信、資訊、資安、網路與傳播五大領域，整體規劃數位發展政策，統籌基礎建設、環境整備及資源運用業務，確保國家資通安全、促進跨域數位轉型、提升全民數位韌性。其重點為：[1]

一、推動國家數位發展策略，統籌協調規劃施政計畫資源。

二、普及通訊傳播領域關鍵基礎設施，強化通訊傳播網路韌性：

（一）規劃並推動通訊傳播領域關鍵基礎設施相關政策與措施，打造陸海空無所不在（ubiquitous）與低延遲（low latency）之三維通訊傳播

---

[1] 數位發展部，https://moda.gov.tw/major-policies/policy-elucidation/1305，查閱日期：2024/5/18。本點保留與安全有關之細部內容，其餘各點可至網頁參酌，於此敘明。

網路環境，使我國成爲亞太地區數位網路之樞紐，以強化我國通訊傳播網路之韌性。

（二）建構多元與普及之通訊傳播網路接取環境，普及通訊傳播服務之近用；持續推動偏遠地區寬頻網路建置，保障國民基本通信權益，使全體國民得按合理可負擔之價格，使用不可或缺且具基本品質之通傳服務。

（三）研訂並設立通訊傳播網路關鍵基礎設施資通設備資安檢測技術規範及審驗機制，確保資通設備之安全可靠，促進通訊傳播網路設置者落實法遵，強化通訊傳播網路持續運作之韌性。

（四）依電信管理法及資通安全管理法相關規定，稽核與督導通訊傳播事業落實資通安全維護計畫，強化資通安全防護能量，並持續精進國家通訊暨網際安全中心（NCCSC）資安監控分析通報應變運作平臺（C-SOC、C-ISAC、C-CERT及C-NOC）功能，確保我國通訊傳播網路安全、可靠、具韌性。

三、前瞻規劃管理數位通傳資源，確保資源使用符合公共利益。

四、深化數位應用，提升政府施政效能。

五、連結國際民主網絡力量，強化網路發展數位韌性。

六、發展資料運用，打造資料創新應用生態。

七、加速產業數位創新與轉型，帶動數位相關產業發展。

八、強化資通安全防護縱深，提升國家數位發展環境之防護韌性：

（一）強化政府機關主動防禦架構，公私協力推展國家資通安全發展方案，推動各機關逐步導入零信任網路機制，結合產政學研各界資源與能量，將資安防護能量擴及至民間單位，在「資安即國安」的政策方向下，打造堅韌安全之智慧國家。

（二）落實資通安全管理法，督導公務機關及特定非公務機關強化各項資通安全防護措施，並即時通報資通安全事件，持續精進緊急應變作爲，執行演練及稽核，進一步確認各機關資通安全維護計畫實施情形之落實程度，以保障國家安全，維護社會公共利益。

（三）建立以需求爲導向之資安人才培訓體系，發展資通安全職能基準及訓練藍圖，完善資安人才培訓生態系，優化資安人力留任及培力機制，推展資安工作績效評鑑制度，協助各機關培植優秀資安人才。

數位發展部轄下並有資通安全署，主要負責國內所有有關資通安全（含關鍵基礎設施、法令）、防護、情報分析、案件偵查、通報應變、威脅偵測與防禦機制、國際合作等業務，整合有關的政策、規劃與執行。至於與資通安全有關之法規如下。

一、資通安全管理法[2]

有關我國的資通安全，隨著網際網路及其他資通科技之快速發展與普及，資通科技相關應用，已被世界各國視爲協助產業經濟轉型及有效解決社會發展議題之關鍵，各國亦紛紛致力於資通政策之規劃，期能建構公開、有效率之數位環境，並希望藉由科技化服務，提升民眾生活品質、維護公共利益、帶動產業發展及國家整體競爭力。

政府資通政策之擘劃，除應重視促成產業轉型、解決社會發展議題等成就特定目標之面向外，亦應讓資通科技應用所代表之科技創新思維，能眞正滲透、深入民眾生活，並與社會脈絡動態共生，進而延伸啓發更多元、寬廣且不受限於框架之創新。政府資通政策如要成爲此類循環、突破式創新之沃土，必須向最基礎、最根本處，即確保資通安全去尋求。唯有透過系統化之資通安全風險管理，消弭足以破壞資通安全之因素或削弱其影響力至可接受之範圍，民眾與整體社會才能屏除對資通科技之疑慮，投入其應用與創新，促成資通科技之持續進展與突破。

資通安全之確保除能塑造鼓勵持續創新之環境外，對國家安全及社會公益之確保亦有其重要性。近年來，對於公務機關或關鍵基礎設施等進行網路攻擊之情形時有所聞，由於公務機關所承擔之公共任務，及關鍵基礎設施提供者等非公務機關所維運或提供之服務，均對國家安全、民眾生活、經濟活動等有重大影響，該等機關如未能考量自身資通安全風險，進而決定資通安全管理之做法，逐步提升自身資通安全能量，一旦其遭受惡

2　因共23條，此處僅略舉重要的條文。

意攻擊，恐造成難以回復之損害。

參諸國際近年資通安全之政策，許多先進國家係以制定專法之方式對資通安全議題加以規範，例如：美國有聯邦資訊安全現代化法、網路安全法；日本則制定網路安全基本法；在國際組織部分，歐盟亦訂定網路與資訊系統安全指令，透過專法之制定，協助公務機關及關鍵基礎設施提供者等非公務機關認知自身資通安全責任，進而理解並因應資通安全風險，增進自身資通安全能力。

我國目前與資通安全相關之規範，適用於公務機關者，除適用對象較爲廣泛之刑法妨害電腦使用罪罪章及個人資料保護法等外，另有行政院及所屬各機關資訊安全管理要點、行政院及所屬各機關資訊安全管理規範、國家資通安全通報應變作業綱要等規定。上述規定中，屬法律者，其規範目的各異，而適用時或僅就實害之結果進行處罰，或其保護客體僅以特定類型之資料爲限，並非針對資通安全管理爲整體考量而制定；其餘規定對資通安全管理雖定有較細節之規範，但其位階較低，且規定分散，適用上難免不足。至於適用於非公務機關之規定，因其立法目的不同，其適用範圍、保護客體與規範對象亦有差異，無法作爲各非公務機關共通遵循之標準，難以帶動其整體資通安全能量。此外，無論是適用於公務機關或非公務機關之規定，均無以資通安全爲主要考量，並要求以風險管理爲核心，建立完整資通安全維護計畫及通報應變相關機制者，此現況與國際上目前資通安全管理之趨勢尚有落差。

綜上說明，制定一部協助公務機關及受規範之非公務機關認知自身資通安全風險並加以因應，訂定及實施資通安全維護計畫以確保其資通安全、逐步提升自身資通安全能量之專法，遂成現階段建構、提升資通安全環境最有效率之規範面政策選擇。

第二條

本法之主管機關為行政院。

第三條

本法用詞，定義如下：

一、資通系統：指用以蒐集、控制、傳輸、儲存、流通、刪除資訊或對資訊為其他處理、使用或分享之系統。

二、資通服務：指與資訊之蒐集、控制、傳輸、儲存、流通、刪除、其他處理、使用或分享相關之服務。

三、資通安全：指防止資通系統或資訊遭受未經授權之存取、使用、控制、洩漏、破壞、竄改、銷毀或其他侵害，以確保其機密性、完整性及可用性。

四、資通安全事件：指系統、服務或網路狀態經鑑別而顯示可能有違反資通安全政策或保護措施失效之狀態發生，影響資通系統機能運作，構成資通安全政策之威脅。

五、公務機關：指依法行使公權力之中央、地方機關（構）或公法人。但不包括軍事機關及情報機關。

六、特定非公務機關：指關鍵基礎設施提供者、公營事業及政府捐助之財團法人。

七、關鍵基礎設施：指實體或虛擬資產、系統或網路，其功能一旦停止運作或效能降低，對國家安全、社會公共利益、國民生活或經濟活動有重大影響之虞，經主管機關定期檢視並公告之領域。

八、關鍵基礎設施提供者：指維運或提供關鍵基礎設施之全部或一部，經中央目的事業主管機關指定，並報主管機關核定者。

九、政府捐助之財團法人：指其營運及資金運用計畫應依預算法第四十一條第三項規定送立法院，及其年度預算書應依同條第四項規定送立法院審議之財團法人。

第四條

為提升資通安全，政府應提供資源，整合民間及產業力量，提升全民資通安全意識，並推動下列事項：

一、資通安全專業人才之培育。

二、資通安全科技之研發、整合、應用、產學合作及國際交流合作。
三、資通安全產業之發展。
四、資通安全軟硬體技術規範、相關服務與審驗機制之發展。
前項相關事項之推動，由主管機關以國家資通安全發展方案定之。

第五條

主管機關應規劃並推動國家資通安全政策、資通安全科技發展、國際交流合作及資通安全整體防護等相關事宜，並應定期公布國家資通安全情勢報告、對公務機關資通安全維護計畫實施情形稽核概況報告及資通安全發展方案。
前項情勢報告、實施情形稽核概況報告及資通安全發展方案，應送立法院備查。

第六條

主管機關得委任或委託其他公務機關、法人或團體，辦理資通安全整體防護、國際交流合作及其他資通安全相關事務。
前項被委託之公務機關、法人或團體或被複委託者，不得洩露在執行或辦理相關事務過程中所獲悉關鍵基礎設施提供者之秘密。

第七條

主管機關應衡酌公務機關及特定非公務機關業務之重要性與機敏性、機關層級、保有或處理之資訊種類、數量、性質、資通系統之規模及性質等條件，訂定資通安全責任等級之分級；其分級基準、等級變更申請、義務內容、專責人員之設置及其他相關事項之辦法，由主管機關定之。
主管機關得稽核特定非公務機關之資通安全維護計畫實施情形；其稽核之頻率、內容與方法及其他相關事項之辦法，由主管機關定之。
特定非公務機關受前項之稽核，經發現其資通安全維護計畫實施有缺失或待改善者，應向主管機關提出改善報告，並送中央目的事業主管機關。

第八條

主管機關應建立資通安全情資分享機制。

前項資通安全情資之分析、整合與分享之內容、程序、方法及其他相關事項之辦法，由主管機關定之。

二、資通安全責任等級分級辦法[3]

第二條

公務機關及特定非公務機關（以下簡稱各機關）之資通安全責任等級，由高至低，分為 A 級、B 級、C 級、D 級及 E 級。

第四條

各機關有下列情形之一者，其資通安全責任等級為 A 級：

一、業務涉及國家機密。

二、業務涉及外交、國防或國土安全事項。

三、業務涉及全國性民眾服務或跨公務機關共用性資通系統之維運。

四、業務涉及全國性民眾或公務員個人資料檔案之持有。

五、屬公務機關，且業務涉及全國性之關鍵基礎設施事項。

六、屬關鍵基礎設施提供者，且業務經中央目的事業主管機關考量其提供或維運關鍵基礎設施服務之用戶數、市場占有率、區域、可替代性，認其資通系統失效或受影響，對社會公共利益、民心士氣或民眾生命、身體、財產安全將產生災難性或非常嚴重之影響。

七、屬公立醫學中心。

[3] 以下僅列舉部分重要條文。

第五條

各機關有下列情形之一者，其資通安全責任等級為 B 級：

一、業務涉及公務機關捐助、資助或研發之國家核心科技資訊之安全維護及管理。

二、業務涉及區域性、地區性民眾服務或跨公務機關共用性資通系統之維運。

三、業務涉及區域性或地區性民眾個人資料檔案之持有。

四、業務涉及中央二級機關及所屬各級機關（構）共用性資通系統之維運。

五、屬公務機關，且業務涉及區域性或地區性之關鍵基礎設施事項。

六、屬關鍵基礎設施提供者，且業務經中央目的事業主管機關考量其提供或維運關鍵基礎設施服務之用戶數、市場占有率、區域、可替代性，認其資通系統失效或受影響，對社會公共利益、民心士氣或民眾生命、身體、財產安全將產生嚴重影響。

七、屬公立區域醫院或地區醫院。

第六條

各機關維運自行或委外設置、開發之資通系統者，其資通安全責任等級為 C 級。

前項所定自行或委外設置之資通系統，指具權限區分及管理功能之資通系統。

第七條

各機關自行辦理資通業務，未維運自行或委外設置、開發之資通系統者，其資通安全責任等級為 D 級。

第八條

各機關有下列情形之一者，其資通安全責任等級為 E 級：

一、無資通系統且未提供資通服務。

二、屬公務機關，且其全部資通業務由其上級機關、監督機關或上開機關指定之公務機關兼辦或代管。
三、屬特定非公務機關，且其全部資通業務由其中央目的事業主管機關、中央目的事業主管機關所屬公務機關、中央目的事業主管機關所管特定非公務機關或出資之公務機關兼辦或代管。

第九條

各機關依第四條至前條規定，符合二個以上之資通安全責任等級者，其資通安全責任等級列為其符合之最高等級。

第十條

各機關之資通安全責任等級依前六條規定認定之。但第三條第一項至第五項之公務機關提交或核定資通安全責任等級時，得考量下列事項對國家安全、社會公共利益、人民生命、身體、財產安全或公務機關聲譽之影響程度，調整各機關之等級：
一、業務涉及外交、國防、國土安全、全國性、區域性或地區性之能源、水資源、通訊傳播、交通、銀行與金融、緊急救援與醫院業務者，其中斷或受妨礙。
二、業務涉及個人資料、公務機密或其他依法規或契約應秘密之資訊者，其資料、公務機密或其他資訊之數量與性質，及遭受未經授權之存取、使用、控制、洩漏、破壞、竄改、銷毀或其他侵害。
三、各機關依層級之不同，其功能受影響、失效或中斷。
四、其他與資通系統之提供、維運、規模或性質相關之具體事項。

第五篇

結　論

無論國土安全或國境執法，在目前的情況下，都是一項嚴峻的挑戰，面對的不僅僅是國際上的競爭，還有對岸的虎視眈眈。安全是整體性的，細項非常多雜，挑戰特別嚴厲；執法是全面性的，縫隙藏在無形，執行須費點工夫。但無論如何，此兩項皆屬國家無法逃避，必須要面對的。如何落實，恐有一番愼思。對於上開安全與執法工作，個人有如下之整合性建議：

一、加速跨國合作與情資分享

臺灣是世界體系下之一分子，但許多場合無法參加，降低參與跨國事務之機會，也讓我國與各國交流之契機喪失不少。很多的安全上議題及執法上需求，必須要有他國的通力合作，缺少他國的協力與情報來源，將大幅降低對此些議題的智識整併，遭遇問題時，無法順利解決，甚或造成更大傷害。

二、跨區域國家之協調

我們身處在東亞，如無法加入全球性的論壇或會議，至少在周邊國家，應與其建立可用的機制，簽署MOU或派駐相關人員，屆時，遇有國內需求時，可快速因應，減少阻礙。

三、調整兩岸關係

此些課題，雖無法隨著兩岸關係和諧而有免除之可能，然兩岸間仍應有對話、交流與合作。不過某些問題（如洗錢、詐騙、遣送等），[1]恐難以發揮實效，片面作爲起不了作用。因而，在無法脫離大陸地區對我之衝擊、影響當下，兩岸如何調整關係步伐節奏，考驗著領導人的智慧。

---

1 雖兩岸相互間現有金門協議等可資運用，然只要雙方關係不好，大陸根本不想理你；許多問題幾乎是私下請託。

四、法令配合

雖當下制（訂）定有相當多的法令規定，然此些法令規定是否符合當代所需，是爲意識形態下之產物、有無窒礙難行、多重律訂或模糊不清之處，恐有再重新檢視或整併之必要。

五、執法部分

因如有違法事項牽涉後續相關執法問題，包括執法人力、量能、認知、執法的態度，以及執法網絡之建立等（因不同案件有不同負責機關），在在會影響打擊不法、起訴違法、犯罪者繩之以法之效率，民眾亦會看在眼裡，理解執法的尺度；犯罪者同時會依據後續發展，調整自身手法與防禦措施。

六、民眾之觀念提升

因涉及安全子題項目繁多，大眾要及早建立本身的防患意識；並非問題來了才檢討，事前的因應之道永遠重於事後的檢討（後悔）。

七、民粹之退場

臺灣現下最不缺的就是民粹之作怪，尤其是某些好事者（有人稱之爲名嘴，個人認爲應稱之爲爛嘴才是），嚇唬人第一、賺錢擺第一、語不驚人死不休，還自以爲是；臺灣內部問題多是這些人惹出來的，該是到要約束的時刻。[2]

八、開發新知

如自我學習、辦理國際性研討會、至各國取經或交流互訪等，挖掘新知、知悉世界之趨勢，以及問題焦點、思考邏輯等，臺灣現階段整體所面

[2] 並非限制言論自由，電視臺爲生存，吾人可以理解；然社會不應是如此之發展吧！

臨的，是缺乏新知與創造（新）力，扭轉當下，應該是刻不容緩的。

九、強化邊境管理

人流與貨物等之流通或運送，皆須透過邊境線而進到內陸。此顯示對邊境管理之重要性，配合上述執法之執行，與強化對邊境之控制，可大幅降低違法案件與犯罪者之穿透。

全球化是一體兩面，有好也有壞；好的是我們可以得到許多新知、增進對世界之了解；缺點是同時易受其約制，難以脫身，甚至許多新興的犯罪組織、手法或型態等，加大其擴展管道與發展契機。當然，在全球化如此強力作用之下，如何去削弱因此現象所帶來的副作用，例如降低組織犯罪所帶來的傷害或威脅，採取對安全議題上之預防性之方法、先前評估因應趨勢及更有執行效果之執法策略等，將會是努力的工作重點。

參考書目

一、中文部分

Barker, Jonathan著，張舜芬譯（2005），《誰是恐怖主義》，臺北：書林出版有限公司。

Basso, Jacques-A.著，陳浩譯（1983），《壓力團體》，臺北：遠流出版。

Baudrillard, Jean著，邱德亮等譯（2006），《恐怖主義的精靈》，臺北：麥田出版。

Bealey, Frank著，張文揚、周群英、江苑新、陳立、高誼譯（2007），《布萊克威爾政治學智典》，新北：韋伯文化國際出版有限公司。

Bhagwati, Jagdish著，周和君譯（2007），《全球化浪潮》，臺北：五南圖書。

Brzezinski, Zbigniew著，林添貴譯（1998），《大棋盤》，臺北：立緒文化事業有限公司。

Chomsky, Noam著，林祐聖等譯（2003），《恐怖主義文化》，臺北：弘智文化事業有限公司。

Goldstein, Joshua S. and Jon C. Pevehouse著，歐信宏、胡祖慶譯（2007），《國際關係》，臺北：雙葉書廊有限公司。

Piszkiewicz, Dennis著，國防部譯（2007），《恐怖主義與美國的角力》，臺北：國防部長辦公室。

Soyinka, Wole著，陳雅汝譯（2007），《恐懼的氣氛》，臺北：商周出版社。

王寬弘（2020），〈國際刑事司法互助原則與模式〉，收錄於黃文志、王寬弘編，《國境執法與合作》，臺北：五南圖書。

行政院國土安全辦公室（2018），《國家關鍵基礎設施安全防護指導綱要》，臺北：行政院。

行政院國土安全辦公室（2020），《國家關鍵基礎設施防護─演習指導手冊》，臺北：行政院。

李宗勳（2008），《網路社會與安全治理》，臺北：元照出版有限公司。

孟維德（2013），〈國際執法合作的發展與困境〉，《犯罪學期刊》，第16卷第2期，桃園：中央警察大學犯罪防治學系。

孟維德（2015），〈防治跨國犯罪的挑戰與克服關鍵〉，《刑事政策與犯罪防治研究專刊》，第10期，臺北：法務部司法官學院。

倪世雄（2008），《當代國際關係理論》，臺北：五南圖書。

移民署（2019），《紓困振興特別預算編列案》，臺北：內政部移民署。

張平吾、黃富源、夏保成、蔡俊章、黃麒然著（2019），《安全管理新論》，桃園：海峽兩岸應急管理學會。

張錫模（2006），《全球反恐戰爭》，臺北：東觀國際文化股份有限公司。

張亞中主編（2007），《國際關係總論》，臺北：揚智出版社。

莫大華（2003），《建構主義國際關係理論與安全研究》，臺北：時英出版社。

陳文生（2005），〈布希政府反恐安全戰略及其挑戰〉，《政治科學論叢》，第25卷，臺北：臺灣大學政治學系。

陳明傳（2020），〈國際執法組織與刑事司法互助〉，收錄於黃文志、王寬弘編，《國境執法與合作》，臺北：五南圖書。

詹中原、朱愛群、李宗勳、鄭錫鍇著（2019），《政府危機管理》，新北：國立空中大學。

劉壽軒（1985），〈巴解恐怖主義之研究〉，臺北：國立政治大學外交研究所碩士論文。

蔡政文（1978），〈國際壓力團體的概念建構〉，收錄於張其鈞編，《政治學論集》，臺北：華岡出版社。

二、英文部分

Abrahamson, Mark (2023), *Migration Between Nations*, New York: Routledge.

Abuza, Zachary (2003), *Militant Islam in Southeast Asia-Crucible of Terror*, Colorado: Lynne Rienner Publishers.

Adams, J. (1986), *The Financing of Terrorism*, New York: Simon & Schuster.

Ahmed, Shamila (2020), *The War on Terror, State Crime & Radicalization*, London: Palgrave Macmillan.

Allison, Graham (2004), *Nuclear Terrorism*, New York: Henry Holt and Company, LLC.

Barber, Benjamin R. (1996), *Jihad vs. Mcworld: How Globalism and Tribalism Are Reshaping the World*, New York: Ballantine.

Becker, Tal (2006), *Terrorism and the State: Rethinking the Rules of State Responsibility*, Oxford: Hart Publishing.

Bernal, Alonso, Cameron Carter, Ishpreet Singh, Kathy Cao and Olivia Madreperla (2020),

Fall 2020 Cognitive Warfare: An Attack on Truth and Thought, NATO and John Hopkins University.

Bisley, Nick (2007), *Rethinking Globalization*, New York: Palgrave Macmillan.

Brown, Stuart S. and Margaret G. Hermann (2020), *Transnational Crime and Black Spot*, London: Palgrave Macmillan.

Bruinsma, Gerben ed. (2015), *Histories of Transnational Crime*, New York: Springer.

Bullock, Jane A., George D. Haddow, and Damon P. Coppla (2020), *Homeland Security*, 6th, London: Oxford.

Burgess, J. Peter (2010), *The Routledge Handbook of New Security Studies*, London: Routledge.

Cavelty, Myriam Dunn and Victor Mauer eds. (2010), *The Routledge Handbook of Security Studies*, London: Routledge.

Chetail, Vincent (2019), *International Migration Law*, London: Oxford University Press.

Collins, Alan ed. (2010), *Contemporary Security Studies*, New York: Oxford University Press.

Farrell, Theo (2002), "Constructivist Security Studies: Portrait of a Research Program," *International Studies Review*, Vol. 1, Issue 1.

Freedman, Lawrence ed. (2002), *Superterrorism: Policy Responses*, New Jersey: Blackwell Publishing Ltd.

Ghosh, Tushar K., Dabir S. Viswanath, Mark A. Prelas and Sudarshan K. Loyalka ed. (2002), *Science and Technology of Terrorism and Counterterrorism*, New York: Marcel Dekker, Inc.

Giraldo, Jeanne and Harold Trinkunas (2010), "Transnational Crime," in Alan Collins ed., *Contemporary Security Studies*, New York: Oxford University Press.

Gresser, Edward (2003), *Blank Spot on the Map—How Trade Policy Is Working against the War on Terror*, Washington, D.C.: Progressive Policy Institute Policy Report.

Hoffman, Bruce (1998), *Inside Terrorism*, New York: Columbia University Press.

Huisman, Wim, Annika van Baar and Madelijne Gorsira (2015), "Corporations and Transnational Crime," in Gerben Bruinsma ed., *Histories of Transnational Crime*, New York: Springer.

Katzenstein, Peter J. (2000), "Regionalism and Asia," *New Political Economy*, Vol. 5, No. 3.

Kerr, Pauline (2010), "Human Security and Diplomacy," in Cavelty M. Dunn and K. S.

Kristensen eds., *The Politics of Security the Homeland: Critical Infrastructure, Risk and Securitisation*, London: Routledge.

Kleemans, Edward R. (2015), "Criminal Organization and Transnational Crime," in Gerben Bruinsma ed., *Histories of Transnational Crime*, New York: Springer.

Kristensen, K. S. (2010), "The Absolute Protection of Our Citizens: Critical Infrastructure Protection and the Practice of Security," in Cavelty M. Dunn and K. S. Kristensen eds., *The Politics of Security the Homeland: Critical Infrastructure, Risk and Securitisation*, London: Routledge.

Kushner, Harvey W. ed. (1998), *The Future of Terrorism: Violence in the New Millennium*, California: Sage Publications, Inc.

Laqueur, Walter (2000), *The New Terrorism: Fanaticism and the Arms of Mass Destruction*, Oxford: Oxford University Press.

Livingstone, Neil C. and T. E. Arnold ed. (1988), *Beyond the Iran-Contra Crisis: The Shape of U.S. Anti-Terrorism Policy in the Post-Reagan Era*, Toronto: Lexington Books.

Luck, E. (2008), "The United Nations and the Responsibility to Protect," *Policy Analysis Brief*, August, The Standley Foundation.

Mack, A. (2004), *A Signifier of Shared Values, Security Dialogue 35, 3.*

Martin, Susan, F. (2014), *International Migration: Evolving Trends from the Early Twentieth Century to the Present*, Cambridge: Cambridge University Press.

Martin, Gus (2020), *Understanding Homeland Security*, 3rd, California: SAGE Publications, Inc.

Maswood, Javed (2000), *International Political Economic and Globalization*, New Jersey: World Scientific.

Mavroudi, Elizabeth and Caroline Nagel (2016), *Global Migration: Patterns, Processes, and Politics*, New York: Routledge.

Mueller, G. O. (2001), "Transnational Crime: Definitions and Concepts," in P. Williams and D. Vlassis eds., *Combating Transnational Crime: Concepts, Activities and Responses*, London: Frank Cass.

Newman, Edward (2001), "Human Security and Constructivism," *International Studies Perspectives*, Vol. 2.

Owen, Taylor (2010), "Human Security," in J. Peter Burgess ed., *The Routledge Handbook of New Security Studies*, London: Routledge.

Passas, N. (1996), "The Genesis of the BCCI Scandal," *Journal of Law and Society*, Vol. 23, No. 1.

Pearlstein, Richard M. (2004), *Fatal Future?* Texas: University of Texas Press.

Peleg, Samuel and Wilhelm Kempf ed. (2006), *Fighting Terrorism in the Liberal State*, Amsterdam: IOS Press.

Pillar, Paul (2001), *Teerorism and U.S. Foreign Policy*, Washington, D.C.: Brookings.

Ramsay, James D., Keith Cozine and John Comiskey (2021), *Theoretical Foundations of Homeland Security, Strategies, Operations, and Structures*, London: Routledge.

Reding, Dale F. and Bryan Wells (2022), "Cognitive Warfare: NATO, COVID-19 and the Impact of Emerging and Disruptive Technologies," in Ritu Gill and Rebecca Goolsby eds., *COVID-19 Disinformation: A Multi-National, Whole of Society Perspective*, Switzerland: Springer Cham.

Reich, Water ed. (1998), *Origins of Terrorism*, Washington, D. C.: Woodrow Wilson Center Press.

Richard, Louise ed. (2006), *The Roots of Terrorism*, New York: Routledge.

Rousseau, David L. and Thomas C. Walker (2010), "Liberalism," in Cavelty M. Dunn and K. S. Kristensen eds., *The Politics of Security the Homeland: Critical Infrastructure, Risk and Securitisation*, London: Routledge.

Schmid, Alex P. (1983), *Political Terrorism: A Research Guide to Concepts, Theories, Data Bases, and Literature*, Amsterdam: North-Holland.

Smith, Brent L. (1994), *Terrorism in America-Pipe Bombs and Pipe Dreams*, Albany: State University of New York Press.

Snowden, Lynne L. and Bradley C. Whitsel ed. (2005), *Terrorism: Research, Readings, and Realities*, New Jersey: Pearson Prentice Hall.

Tadjbakhsh, S. and A. Chenoy (2007), *Human Security: Concepts and Implications*, New York: Routledge.

Thakur, R. (2000), "Human Security Regimes," in W. Tow, R. Thakur, and I. T. Hyun eds., *Asia's Emerging Regional Order: Reconciling Traditional and Human Security*, New York: United Nations University Press.

The White House (2002), *Securing America's Borders Fact Sheet: Border Security*, Office of the Press Secretary, January 25.

Theiler, Tobias (2010), "Societal Security," in Cavelty M. Dunn and K. S. Kristensen eds.,

The Politics of Security the Homeland: Critical Infrastructure, Risk and Securitisation, London: Routledge.

UNHCR (2024), *UNHCR Global Appeal 2024*, UN.

U.S. Department of State (1997), *1996 Patterns of Global Terrorism Report*, USA.

Vlcek, William (2008), "Development vs. Terrorism: Money Transfers and EU Financial Regulations in the UK," *The British Journal of Politics and International Relations*, Vol. 10, No. 2.

Walt, S. (1991), "The Renaissance of Security Studies," *International Studies Quarterly*, Vol. 35, No. 2.

Wendt, Alexander (1999), *Social Theory of International Politics*, Cambridge: Cambridge University Press.

White, Jonathan R. (2005), *Terror and Homeland Security*, 5th, California: Wadsworth Publishing.

三、網路部分

Bjørgo, Tore, *Root Causes of Terrorism: Finding from an International Expert Meeting in Oslo, Norwegian Institute of International Affairs*, http://www.nupi.no/IPS/filestore/Root_Cause_report.pdf.

Fletcher, George P., "Defining Terrorism," www.project-syndicate.org.

中國時報，http://www.chinareviewnews.com。

北大西洋公約組織（NTAO），https://innovationhub-act.org/cognitive_warfare/。

沃德。我的，https://myworld.csie.io。

東協警察組織，www.aseanapol.org。

施子中（2005），〈中共反恐作爲及其對區域情勢之影響〉，http://trc.cpu.edu.tw/meeting/paper/94/0926/4.doc。

美國國土安全部，https://www.dhs.gov。

美國國家安全委員會，https://www.whitehouse.gov/nsc。

風傳媒，https://www.storm.mg/。

神通資訊科技股份有限公司，http://www.timglobe.com.tw/upload/file/20141014100-1001503644180。

國際法院，https://www.icj-ij.org。

國際刑事法院，https://www.icc-cpi.int。

國際刑警組織，https://www.interpol.int。
國家安全局，https://www.nsb.gov.tw/zh。
維基百科，https://zh.wikipedia.org/zh-tw。
臺灣政治學刊，https://www.tpsr.tw。
數位發展部，https://moda.gov.tw。
聯合國，https://www.un.org。
聯合國經濟及社會事務部，https://population.un.org/wpp。
警政署，https://www.npa.gov.tw。

國家圖書館出版品預行編目資料

國土安全與國境執法／楊翹楚著.　——初版.——臺北市：五南圖書出版股份有限公司, 2024.12
面；　公分
ISBN 978-626-393-893-9（平裝）

1.CST: 國土　2.CST: 國家安全　3.CST: 入出境管理

599.7　　113016515

1RE2

國土安全與國境執法

作　　者— 楊翹楚（311.5）
編輯主編— 劉靜芬
責任編輯— 呂伊真
封面設計— 封怡彤
出 版 者— 五南圖書出版股份有限公司
發 行 人— 楊榮川
總 經 理— 楊士清
總 編 輯— 楊秀麗
地　　址：106臺北市大安區和平東路二段339號4樓
電　　話：(02)2705-5066
網　　址：https://www.wunan.com.tw
電子郵件：wunan@wunan.com.tw
劃撥帳號：01068953
戶　　名：五南圖書出版股份有限公司

法律顧問　林勝安律師

出版日期　2024年12月初版一刷
定　　價　新臺幣400元